U0924395

餐 巾 纸 系 列 之

Draw to Win:

一页纸创意思考术

A Crash Course on How to Lead, Sell, and Innovate With Your Visual Mind

[美]
丹·罗姆
著
郑澜
译

中信出版集团 · 北京

图书在版编目（CIP）数据

一页纸创意思考术 /（美）丹·罗姆著；郑澜译
. -- 北京：中信出版社，2017.4（2020. 7 重印）
书名原文：Draw to Win: A Crash Course on How
to Lead, Sell, and Innovate With Your Visual Mind
ISBN 978-7-5086-7250-2

I. ①一… II. ①丹… ②郑… III. ①成功心理–通
俗读物 IV. ①B848.4–49

中国版本图书馆 CIP 数据核字（2017）第 025108 号

一页纸创意思考术

著　者：[美] 丹·罗姆
译　者：郑 澜
出版发行：中信出版集团股份有限公司
（北京市朝阳区惠新东街甲 4 号富盛大厦 2 座　邮编　100029）
承 印 者：北京通州皇家印刷厂

开　本：880mm×1230mm　1/32　　印　张：7.5　　字　数：67 千字
版　次：2017 年 4 月第 1 版　　印　次：2020 年 7 月第 5 次印刷
京权图字：01-2016-6872　　广告经营许可证：京朝工商广字第 8087 号
书　号：ISBN 978-7-5086-7250-2
定　价：49.00 元

服务热线：400–600–8099
投稿邮箱：author@citicpub.com

谨以此书献给我的父亲，

感谢您把我培养得羽翼丰满。

CONTENTS 目录

	写在前面的话	III
CHAPTER ONE	第一章　像珍视生命一样珍视画图	001
CHAPTER TWO	第二章　谁的图画得最好，谁就是赢家	019
CHAPTER THREE	第三章　先画一个圆圈，再给它命名	045
CHAPTER FOUR	第四章　眼到哪里，思维就跟到哪里	065
CHAPTER FIVE	第五章　从“人物”开始	089
CHAPTER SIX	第六章　领导之道：将目的地描绘出来	115
CHAPTER SEVEN	第七章　销售之道：让别人和你一起画图	141
CHAPTER EIGHT	第八章　创新之道：在画中颠覆世界	165
CHAPTER NINE	第九章　培训之道：看图说话	191
CHAPTER TEN	第十章　有疑问就画出来	213
	致　谢	225

写在前面的话

天一破晓，我们的眼睛就能像磁铁般捕捉到周围不计其数的图像。

——列奥纳多·达·芬奇（Leonardo Da Vinci），意大利学者、艺术家

手绘图永远不会过时。

——马特·格勒宁（Matt Groening），美国漫画家、制片人

2007 年 6 月 29 日，经过历时一年的写作，我完成了《餐巾纸的背面》的书稿。这个日子之所以令我记忆犹新，是因为当天我正写到书稿的最后一页，却不得不中途停笔，转而收看史蒂夫·乔布斯的苹果手机发布会现场直播。那天是个大日子。

接下来的几年内，我有幸和几百家组织分享我的视觉化思考

方式。这些组织中既有世界 500 强企业，也有贫民区的学校。后来，在电脑里检索文件时，我才发现自己已经做了 723 场演讲，并为这些演讲手绘了 9 246 张图。真是庞大的数字啊。

一路走来，我的学习心得可以总结如下：

- 图像能够帮助人们学习，最好的图像也是最简单的图像。
- 要做到简单其实是一件难事，但有一套流程能够使难事变得更容易。
- 手绘图让人发自内心地感到喜悦，而喜悦感能增强人们的脑力。
- 每个人都能画图，即使他们以为自己不行。

在这本书中，我将和你分享 10 条有关视觉化思考的最深切体会。前两条阐述的是我们为什么应该画图，接下来 3 条事关画图的方法，最后 5 条展示的是当你想领导团队、推销产品、创新、培训，或仅仅想在通往成功之路上应对种种问题时，你该画些什么。

如果你曾读过我此前的著作，那么你将在本书中发现一两种熟悉的工具。这些工具经受住了若干年时间的检验，现在已日臻完善。除此以外，我还将向大家介绍多种新工具。倘若这是你第一次接触我的方法，我也表示欢迎！即将展现在你眼前的，是一种全新的思考方式。

丹·罗姆

2016 年写于美国旧金山

[第一章]

像珍视生命一样珍视画图

CHAPTER ONE

应该让每个通晓绘画的人知道，他们手中其实握着一笔巨大的财富。

——米开朗琪罗（Michelangelo），文艺复兴时期意大利雕塑家、画家

仅仅在过去两年就产生了全球现存 90% 的数据。

——IBM 文章《大数据是什么？》

指向图像的三个数据

最近，以某项研究为契机，意外发现的三个数据使我惊讶不已。第一个数据来自IBM（国际商用机器公司），据说人类迄今为止积累的所有数据中，90%在过去两年内产生。第二个数据来自思科公司，据说当今网络上传输的全部数据中，90%为可视化数据。第三个数据来自我从事企业培训工作的切身经历：90%的商务人士不知如何在工作中有效利用可视化数据。

三个数据不约而同地指向“90%”这一数值。我们正前所未有地生成海量数据，尽管绝大部分数据是可视化的，大多数人并不知道如何让图像为己所用。无论我们身处哪个商业领域，该领域的未来都是可视化的。因此，为了实现业务增长，我们得学会利用图像。

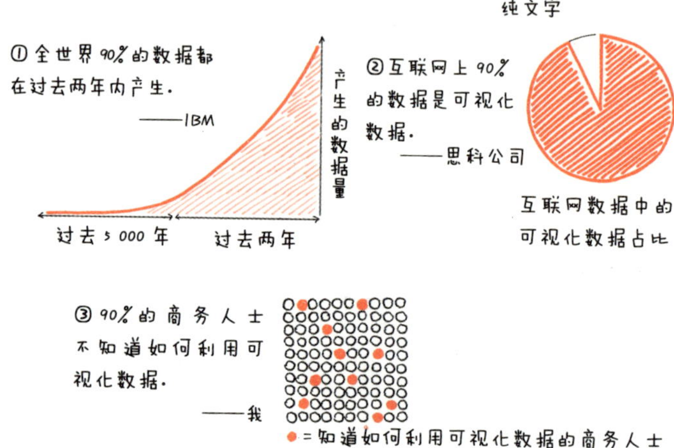

另一个数据

后来，我又在《娱乐周刊》(*Entertainment Weekly*)中发现了另一个数据：亚马逊网站上近几个月最畅销的20本图书中，有7

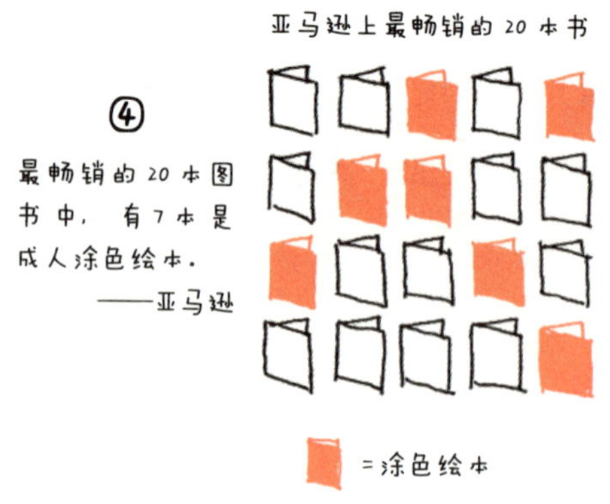

本是成人涂色绘本。《波士顿环球报》（*Boston Globe*）评论称，这一现象“突如其来、出乎意料，但又让人心生好奇”，涂色绘本已然“使几百万美国人为之深深着迷”。

在我看来，涂色绘本的风靡一点儿也不突如其来、出乎意料和让人好奇。人类生来喜欢可视化的东西，只不过大多数商务人士都忘了这一点而已。

画图是人类最古老的技能

早在 3.2 万年前，我们的老祖先欧格（Oog）和阿格（Aag）就在穴壁上作画。他们画野牛，画马群，还画许多漂亮的公牛。这些壁画的出现甚至先于武器、陶罐、珠宝和多数服饰。

欧格、阿格和世界上最古老的技能

如果我们的老祖先彼此有事相告，就会以画图的方式将信息记录下来。人类分享信息的欲望是如此迫切，以至于欧格和阿格的子子孙孙沿袭了祖上的做法，不断地回到同一个洞穴，在穴壁上留下同样的画，而且一画就是 800 年。

把成人绘画说成是“让人好奇”的？对此，我不以为然。唯一让人好奇的是商务人士为什么不怎么爱画图。

可视化的归来与延续

每个人上网时都依赖图像。我们浏览Facebook、YouTube、Pinterest、Instagram、Snapchat、Tumblr之类的图片与视频网站，不难发现社交媒体最大的关注点正是图像。图像的爆炸式增长并非新新人类一时掀起的潮流，也并非与商业世界毫无关联，而是在欧格与阿格最早画下的线条的基础上演化出的逻辑延伸。如今，我们不过是拥有更发达的图像技术。

不要将分享图像视为社会的倒退或是对商业的威胁。相反，创造和分享图像是世界上最自然而然的事。

问题在于，有太多的图像质量不佳，或图像本身对我们没什么益处。多数网络图片可以被称为“惰性图”。可爱的猫、火车残骸和性感身材都有其吸引人之处，但它们吸引的是你大脑中最低等的区块。它们使你分神，占据着你的思想，却不会留下多少价值。

好的图像有意义，不仅化繁为简，还能激发深度思维，进而使我们获得启发。它们同样存在，只是数量更少，但这不是它们的错。惰性图之所以分散我们的注意力，是因为它们的创作者知道你的大脑喜欢看东西。我们不仅应该好好利用这一点，还应该把好想法变成更好的图像。

为什么要这么做呢？因为正如思科公司提醒的那样，我们见到的数据有 90% 是可视化的。

当今时代的对话是可视化的

我们要加入的对话永远是顾客脑海中已经开始的对话。

——罗伯特·科利尔（Robert Collier），美国 20 世纪著名作家、广告文案创作者

如果你一边穿过办公室一边高声自言自语，那么没人会听你在说些什么。但如果你能加入某位同事已经在脑海中开始的对话，那么你的这位同事就会将注意力完全放在你身上，并邀请你加入对话。这种做法屡试不爽。

如今，这种对话已经实现了可视化。人们讲的故事是可视化

的，购物是可视化的，新闻也是可视化的。倘若你想加入任何对话，只需把自己变得“可视化”。学会加入可视化的对话将使你受人瞩目、被人倾听。

别害怕画图

有的商务人士说：“我画不了图，所以我做不到可视化。”你可别跟他们一样。这句话就像一个具有欺骗性的陷阱。它之所以具有欺骗性，是因为它假设可视化的前提是能够画图，而画图又是一件难事。可事实上，这两者都是错的。此外，我之所以把这句话形容为陷阱，是因为它阻止你启用大脑中最强大的问题解决区块，而你甚至不知道这样的区块竟然存在。用“愚蠢”一词已经不足以形容这种想法，它更像是一个横在你成功之路上的巨型路障。

到底什么是画图

> 比起谈话，我更喜欢画图。画图不仅更方便，还使谎言无处藏身。
>
> **——勒·柯布西耶（Le Corbusier），法国著名建筑师、现代建筑运动先锋**

正如写作是语言思维的记录机制一样，画图是视觉思维的记录机制。画图既不是一个谜团，也不是一项秘密才能，而是这样一种态度：我要好好利用自己身为视觉动物的本能。我会通过画图帮助自己理解这个世界，也会坚持画图，以此向世界展示我所看到的东西。像画家一样思考并非难事。事实上，你一直是这么做的。

看见一幅图或有了一个想法时，你的思维仿佛长了眼睛，把这个图或想法翻来覆去地“把玩”。这时，你就已经在画图了，只不过没用纸笔而已。

全神贯注地思考一个问题，并对这个问题进行分解时，你就已经在画图了。

◎ 思考一道智力题并对它进行层层拆解时，你就已经在画图了。

◎ 研究某种情境下缺失的东西时，你就已经在画图了。

◎ 说话时用手势协助表达时，你就已经在画图了。

什么是画图？

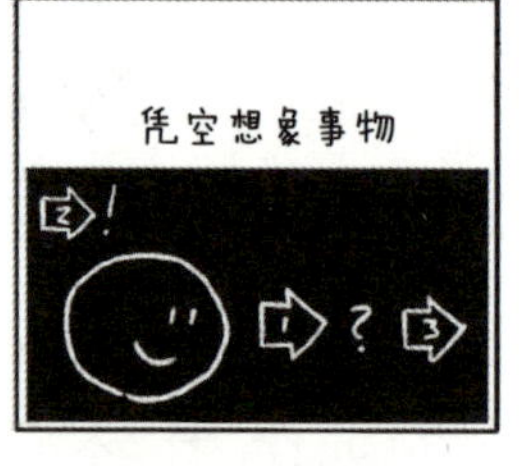

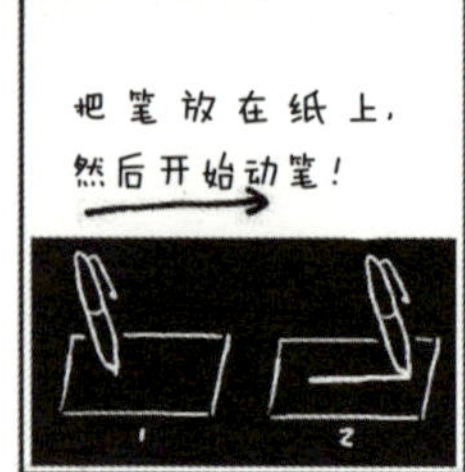

你要做的事与这些并没有什么不同，唯一的差别在于：准备好纸和笔，然后开始动笔。现在，你是真的在画图了。

最棒的是，学习写作需要花费几年时间，学习画图却只需要几分钟（具体方法我将在第三章向大家展示）。

如何在无须画图时开始画图

有许多种简单的方法可以帮助你开始画图。而在此过程中，你甚至不会意识到自己实际上是在画图：

从画一张图表开始。对于大多数商务人士而言，画一张图表并不会使他们望而却步。只需打开一个电子表格软件，选取一个图表模版，再选择所需数据，立马就会有一张图表呈现在你眼前。这就是可视化。

将顺序画下来。商务人士通常相当擅长把握流程，而流程图往往很容易画。你只需写下步骤，将它们按照正确的顺序排列，再用箭头连接这些步骤即可。有了流程图，你就能对需要做什么以及做事的顺序了然于心。

凿出穹顶。有效的可视化训练就是帮你找到串联众多想法的“贯穿线”。你不妨收集一些随机产生但彼此关联的想法，把它们写在纸上（这时非常适合用便利贴），再把纸贴到墙上。接下来，寻找这些想法中的共同点，再将它们按共同点重组成若干类。之后，把分好类的想法按时间先后次序进行排列，再在各类想法之间画下一条贯穿的直线。在后续的任何讨论中，这条线都能从视觉上引导讨论。

捕捉表情符号。表情符号集可视化、简单、强力三种特点于一身，正越来越广泛地被视为一种有效的沟通工具。因此，与其苦思冥想为下一次会议画什么东西，不如打开智能手机，选择一个表情包，给自己发个表情。之后，把这个表情的截图插入自己演讲的幻灯片中。你瞧，这完全就是一个可视化的故事。

如何在无须画图时开始画图？

商业断层线：一项使你开始画图的简单练习

我要向你介绍一种简单快速的练习方法，可以使你在商业事务中应用视觉化思考。这项练习被我称为“商业断层线”，它以一种简明的方式反映了现代商业的一条潜在规则：没有一成不变的东西。

这项练习是这样的：先画一条线，代表你所在商业领域的根本内涵，例如“销售书籍”、“策划婚礼”、“开发企业资源规划系统”，或“为购房者提供贷款”。你可以用任何词汇描述自己从事业务的核心。

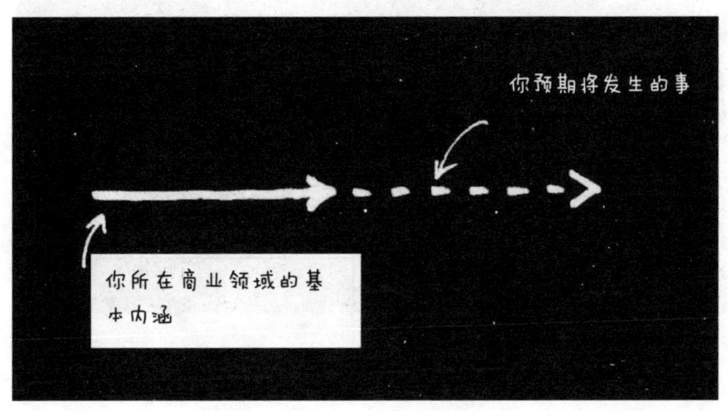

接下来，画一条向前延伸的虚线。像其他大多数人一样，你或许也下意识地笃信这样一个想法：今天所做之事，可能和明天要做的事如出一辙。这条虚线代表的正是这个想法。

商业断层线代表着对前方现实的动摇。当某个新人涉足你所在的商业领域，把所有事情搞得一团糟时，断层线就会出现。或许是有人发明了一项新技术，或许是一个外来竞争者加入竞争，又或许是有人创造了一个全新的商业模式。当扰乱发生时，断层就会出现。

我们再也无法预测未来将发生什么，这是导致许多商业活动走向终点的原因。

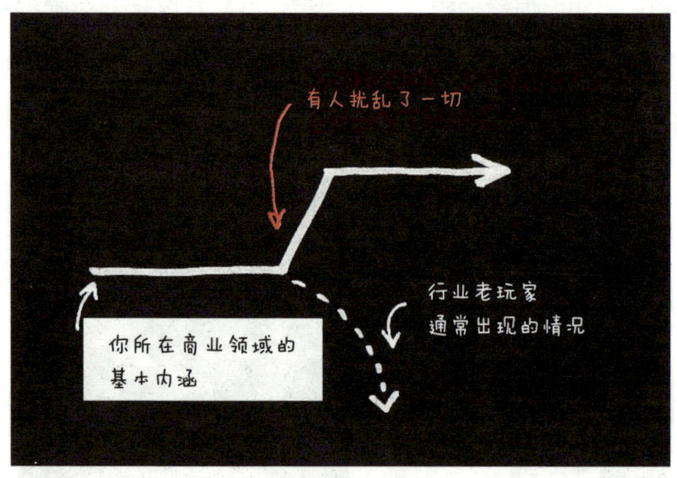

倘若你认为实际情形并非如此，请看看过去两年内出现的商业断层线：

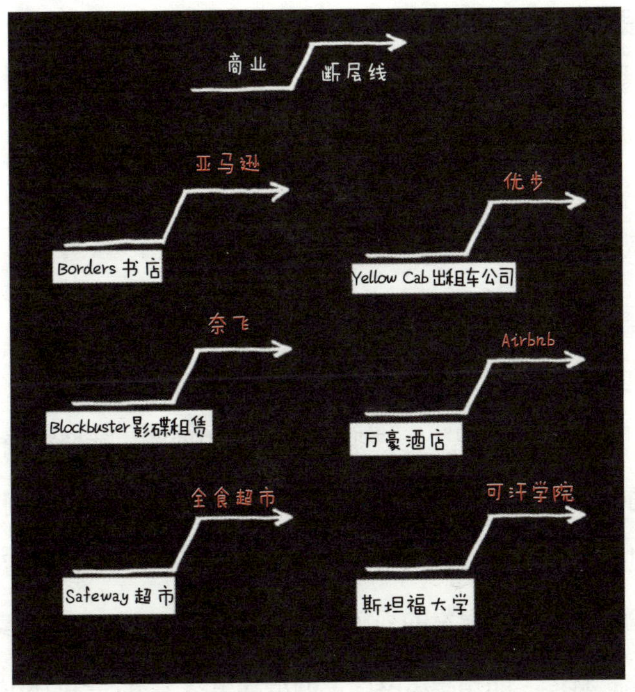

你还能想出更多例子吗?

这就对了。无论你身处哪个商业领域——食品、医疗保健、服装、金融、科技，都得先画出一条属于你的业务线，再画出一条断层线，然后扪心自问:“哪些因素可能使这种事降临到我身上?”

画图即思考

我们总是在看，却并未真正看见什么。

一旦你把一个物体画下来，思维就变得有深度且高度专注。

——弥尔顿·格拉泽（Milton Glaser），美国著名图像设计师

别再把画图视为一个艺术创作过程，而应把它视为一个思考过程。如果你想对某个想法拥有更深入的理解，就把它画出来。如果你想成为一名更高效的领导者，就想想如何把愿景画出来，使其他人能够和你一样清晰地看见这个愿景。如果你想创新，不妨让画图带你从不寻常的视角看待寻常的事物。如果你想卖出更多产品，就把产品和想法以图像的形式呈现出来，它们将因此变得比非图像化的产品和想法更具说服力。

当今时代的对话是可视化的。去画图吧，就像你的世界不能没有它一样。

本章要点小结

※ 我们所处的世界充斥着越来越多的数据，而数据正变得越来越可视化。为了和世界保持联系，你必须利用人类与生俱来的可视化能力。

※ 画图是人类最古老的技能。现在，它已经卷土重来。

※ 画图并不是一个艺术创作过程，而是一个思考过程。

※ 许多方法可以使你重启视觉化思考，却无须你真正提笔画图。

关键结论：当今时代的对话是可视化的。为了加入对话，你也得变得更加可视化才行。

[第二章]

谁的图画得最好，谁就是赢家

CHAPTER TWO

没有哪个赛车手能对你说出他赛车的真正原因，但他或许可以用图画向你展示出来。

——史蒂夫·麦昆（Steve McQueen），美国演员

商业一直是可视化的

作为一名商务人士，在可视化方面落伍将使你付出惨痛的代价。我们当前所处的世界受视觉驱动，图像因此被推到台前。但这并非什么新鲜事物，毕竟自古以来，图像一直是推动科学、经济、技术、政治与商业领域取得重大突破的核心力量。新鲜的是，现在的我们再也不能忽视可视化技术。不过，这可是件好事。

为什么？因为有这样一条不成文的简单规则表明了图像的力量：谁的图画得最好，谁就是赢家。

赢家意味着什么

要想成为商业世界里的赢家，方法相当简单：找到一件自己非常擅长的事，坚持做下去，就能赚到许多钱。即使有无数种变通形式，一个基本的商业循环总是如此：做出别人需要的东西（幸运的话，这也恰好是你爱做的事），想办法把东西卖给有需要的人，同时不断改善自己的工作方法，再对一些人进行培训，以便他们在你不在时替你工作。

无论你从事何种业务，驱动业务向前发展的必然是四项任务：领导、销售、创新与培训。这四项任务若完成得很好，你从事的业务就能在长期竞争中胜出。但要是其中任何一个环节出了差错，你从事的业务迟早都会停摆。

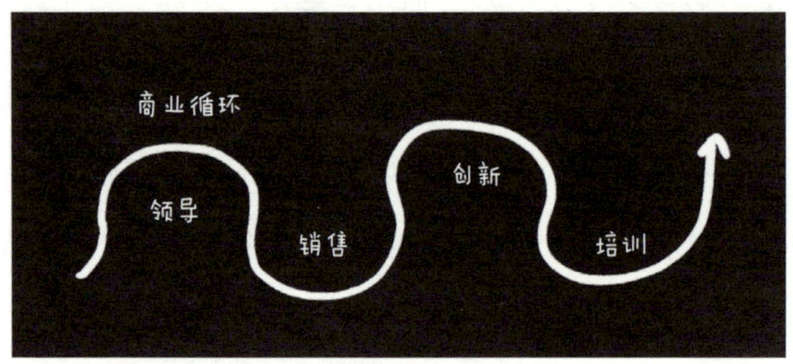

这个商业领域的成功公式看似简单，实则不然。领导、销售、创新与培训的方式有无数种，而图像之美就在于它能够帮助我们清晰界定这四项任务，并使我们的商业活动紧密围绕四项任务加以开展。

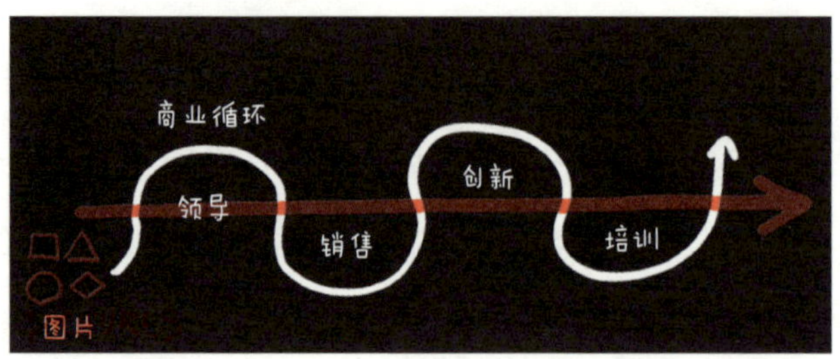

领导：图像能帮助我们清晰地描绘愿景，以便我们和他人分享愿景，使他人了解我们期待的发展方向。

销售：图像能帮助我们深刻理解一个问题，进而使我们得以向他人证明自己拥有解决方案。

创新：图像能帮助我们以新视角看待旧事物，从而找出改善旧事物的公认方法。

培训：图像能帮助我们理清行事步骤，以便向其他人传授工作方法，使他们能够像我们一样解决问题。

因此，让我们再次回到前文提及的那条规则，它实际上蕴含着一句“散发着铜臭味儿”的潜台词：

这正是本章内容的核心思想：如果发自内心地想解决一个问题，阐述一个想法，或说服别人接受你提出的一个解决方案——或者让我们不妨说得更直白一些，如果你希望为自己的项目或生意拿到融资，最佳方法就是以尽可能清晰的图像向他人进行展示。事情就是如此简单：倘若你最擅长用图像阐释自己的想法，你就是赢家。为什么？因为只有当人们看见自己能理解的事物时，该事物才会在人们的脑海中深深扎根，并不时以语言永远无法企及的力量唤醒人们的记忆。

从白板到白宫

在一部好电影面前，即使你把声音突然关掉，观众照样能完全理解剧情。

——阿尔弗雷德·希区柯克（Alfred Hitchcock），美国著名导演

下面我想和大家分享的是一段个人亲身经历。在这段经历中，图像曾帮助我在一个商业领域中脱颖而出。但在此之前，我从未想过自己会在该领域占有一席之地。这个领域就是：医疗保健。

2008年，美国医疗保健业一片狼藉。奥巴马总统宣布将对美国医疗保健体制进行彻底改革，国内舆论由此呈现两极分化。媒体对“奥巴马医改”的态度分成了两派，有的认为这场医改是美国社会服务领域有史以来规模最大的正面改革，有的却认为它是一场邪恶至极的阴谋，足以摧毁整个国家。你只能选择站在其中一方，因为实在没有其他选择。

当时的我由于对美国医疗保健行业知之甚少，因此无法对任何一种观点形成自己的独立判断。但只要我一打开电视的新闻频道，总能看见愤怒的民众聚集在市政厅前，有的拿着枪，有的彼此扭打在一起。这使我体会到两件事：第一，我还是别看新闻了；第二，应该弄明白他们到底在争论些什么。为此，我决定通过画图来帮自己理清思路。

作为一名咨询顾问，虽然我曾有幸与五六家重要的医疗保健机构合作，但我自知并非该领域的专家。因此，我联系到了朋友托尼。他是我的前同事，拥有医学博士学位，在医疗保健行业积累了丰富的咨询经验。我俩把自己关在一间到处都是白板的办公室里，对着打印出来的医疗保健改革法案埋头钻研。我们决定，不画出一系列简图来解释法案背后的思路，就不离开这间办公室。

两天后，我和托尼一共画了 43 幅图。我把这些图放进幻灯片中，为每页加上一个标题和一句图释，再把文件传到网上。仅一周之内，文件的下载量就已上千。到了一个月时，下载量涨至 5 000。截至目前，这份名为“四张餐巾纸帮你读懂美国医保”（*American Health Care: A4-Napkin Explanation*）的文件累计下载量高达 210 多万，并被《赫芬顿邮报》(*Huffington Post*)和无数网站竞相转载。2009 年，这份文件被知名幻灯片分享网站 SlideShare 评为“年度最佳幻灯片”。但这些都算不了什么，因为接下来发生的事才真的令我瞠目结舌。

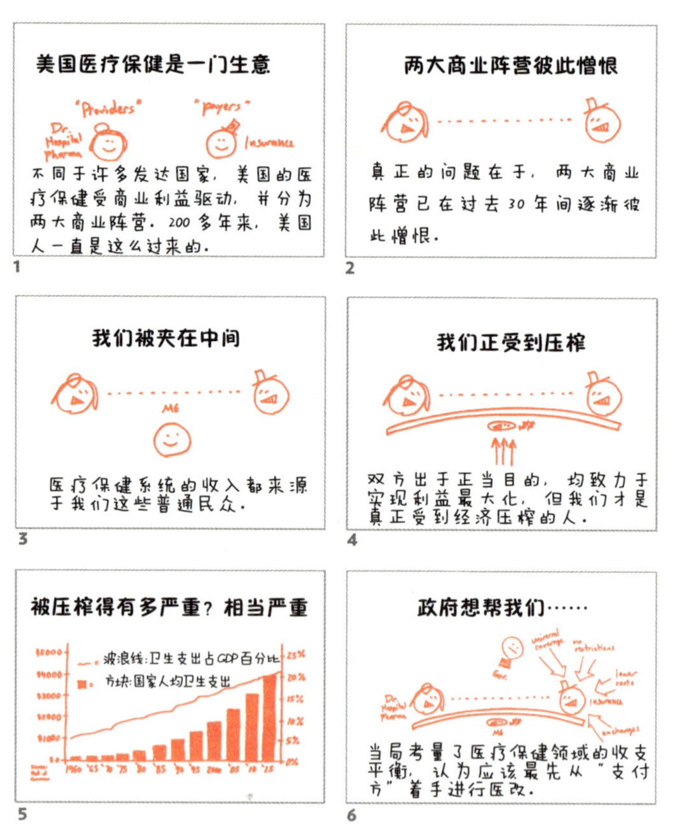

我把文件发布到网上后，大约又过了一个月，福克斯新闻频

道（Fox News）的制片人从纽约打来电话。“丹，”他在电话里说，“作为美国医改领域的思想领袖，您是否愿意前来录制直播节目，用您制作的图画向观众解释法案背后的真意？”

我回复道：“我感到很荣幸。”（请注意，我居住在旧金山。这座城市仿佛能发出某种电磁脉冲信号，阻碍福克斯新闻频道传送来的空中电波。）一周后，我为福克斯商业网（Fox Business Network）录制了一段时长 7 分钟的直播节目，向观众一一展示了我和托尼创作的前 10 幅图。这段经历于我而言是一次“飞跃”，它不仅使我的公司在全美范围内有了曝光度，更使几百万观众见证了一种思考医改争论的新方法。

但故事到这里还没有结束。

福克斯直播结束的一周后，我接到一个电话。电话那端的人问道：“请问您是在福克斯商业网用图片解释医疗保健的丹·罗姆吗？”

“是的。”我一头雾水。

“我这里是白宫媒体沟通办公室。不知您是否愿意前往华盛顿，与总统的互联网线上沟通团队成员分享您的图片创作过程？”我随即答应下来，并动身前往华盛顿，而且前后去了两次。

现在问题来了。我真的是美国首屈一指的医疗保健专家吗？绝对不是。但被一家全国性媒体和白宫邀请做演示的人是谁？是我。凭什么？因为画图的人是我。记住，谁的图画得最好，谁就是赢家。

要是你不会画图怎么办

如果你认为我刚才描述的一切引人入胜，但由于你不会画图，所以感觉还是遥不可及的话，请再记住这句话：画图不是一个艺术创作过程，而是一个思考过程。相较于写作，画图真正的优势在于，它能帮助我们达到更快（通常是快许多）的思考速度，并在事物之间创建联系，进而实现范围更广、程度更深的发散性思维。

因此，别担心自己不会画图。在寻求突破的过程中，许多商业、科研、管理甚至娱乐界成功人士都发现了图像的力量，但他们并非艺术家出身。

西南航空公司的创立

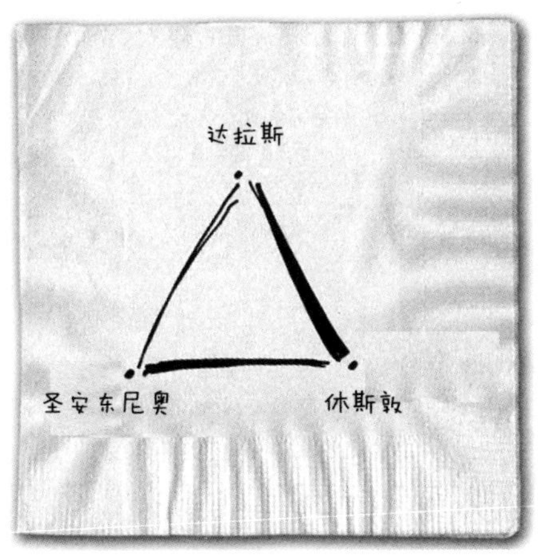

那是 1967 年。两名商务人士坐在美国得克萨斯州圣安东尼奥市一家名为“圣安东尼奥俱乐部”的酒吧内。罗林 · 金（Rollin King）在一张餐巾纸上画了一个三角形。赫布 · 凯莱赫（Herb Kelleher）喜欢这张图，于是两人约定共同创建西南航空公司。这家公司后来发展成为美国历史上最成功的航空公司。你现在还能在西南航空网站上的“公司概况”部分看到这张餐巾纸的图片。

拉弗曲线

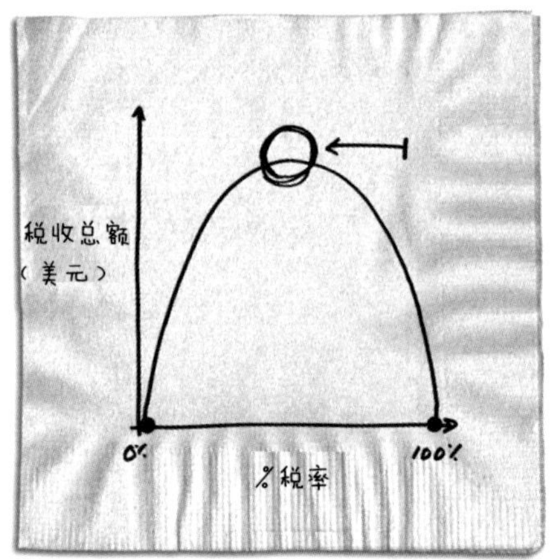

1974年，为了实现国家经济复苏，时任总统的福特决定重新设计美国税收体制。他请来芝加哥大学经济学家阿瑟·拉弗（Arthur Laffer），与其内阁成员共商大计。某天晚上，拉弗与福特政府的两位幕僚长唐纳德·拉姆斯菲尔德（Donald Rumsfeld）与迪克·切尼[①]（Dick Cheney）共进晚餐时，在一张餐巾纸上画下

① 小布什总统执政期间，唐纳德·拉姆斯菲尔德和迪克·切尼分别升任国防部秘书长与副总统。

了他的税制改革构想。后来，里根总统正是受到这张餐巾纸的启发，才颠覆传统经济学框架，创建了“里根经济学”。这张餐巾纸现在陈列在华盛顿史密森尼学会（Smithsonian Institution）的博物馆里。

本我、自我和超我

1933 年，西格蒙德 · 弗洛伊德（Sigmund Freud）完成了他为人类潜意识构建的基本模型。在最后发表的一篇学术论文中，他试图阐明表意识与潜意识之间的关系。弗洛伊德将人类意识分为“本我”、“自我”和“超我”三个层面。为了说明这些层面彼此间的关系，他画了一张简单的草图。这张草图后来被收录于其著作《精神分析新论》（*New Introductory Lectures on Psycho-Analysis*）中。自此以后，所有心理学专业的学生都能通过这张图清晰地看到弗洛伊德倾尽数年取得的研究成果。

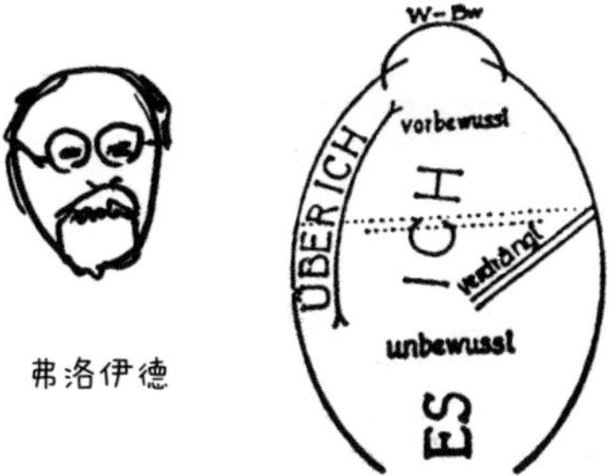

海蒂·拉玛的鱼雷

谈到弗洛伊德，就不得不提及20世纪40年代好莱坞红极一时的女星海蒂·拉玛（Hedy Lamarr），她原名海德维希·埃娃·玛丽娅·基斯勒（Hedwig Eva Maria Kiesler）。拉玛为鱼雷深深着迷，苦心钻研操控鱼雷的方法。她和自己在好莱坞的邻居兼作曲家乔治·安太尔（George Antheil）合作，在她的房子里开辟了一间工作室，专心设计鱼雷声自导系统中的跳频技术。1942年，拉玛和安太尔的发明获得美国专利，专利号为2292387。该项专利中的设计元素为后来最早期的万维网奠定了技术基础。

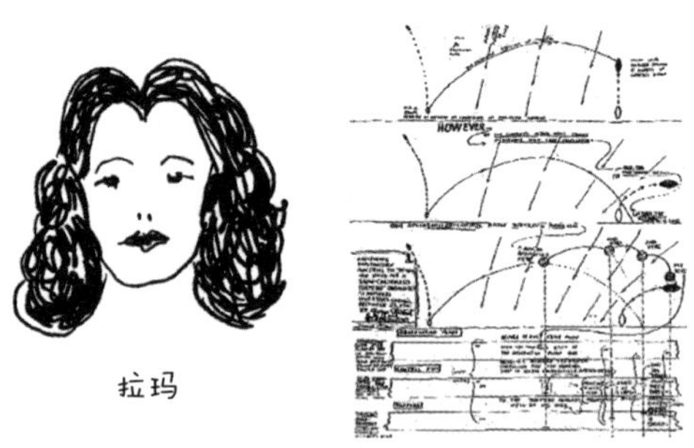

多尼拉·麦多斯和麻省理工学院

1971年，美国哈佛大学生物生理学博士多尼拉·麦多斯（Donella Meadows）加入麻省理工大学的一个研究项目组，致力于开展系统动力学研究。复杂系统中有诸多因素影响资源流向，为了更深入地探究这些因素间的关系，多尼拉画了一幅浴缸的草图，并在图中添加了资源入口、管道、存储槽及旁通阀门等元素。没过多久，这幅草图就成了多尼拉所在项目组的研究核心，并使项目组后来得以在此基础上建立计算机模型。《系统思维》（*Thinking in Systems*）一书由此诞生，多尼拉也凭借其对环境科学的突出贡献被授予麦克阿瑟“天才奖”。

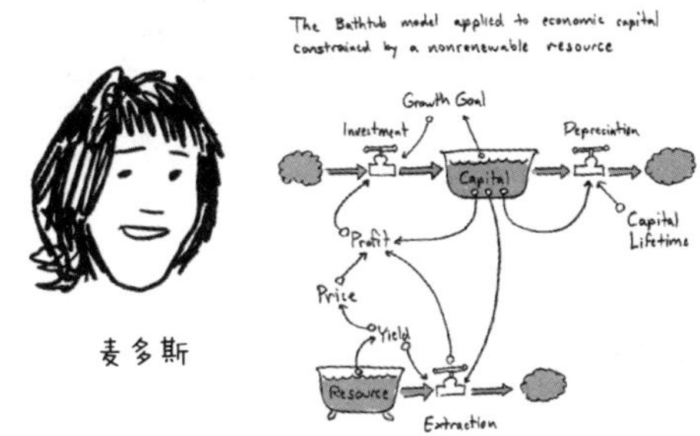

哈利·波特

一个靠社会救济为生的单亲妈妈，坐在一家咖啡馆里，画下了几张场景图和几条时间轴。围绕着一位虚构的年轻巫师角色，许多人物、地点和冒险历程在这些场景图和时间轴上交叠。这位名叫J. K.罗琳（J. K. Rowling）的单亲妈妈，用一台手动打字机写下了年轻巫师的故事。她将文稿寄给许多出版社，却无一例外地被拒之门外。最后，一家出版社愿意出版她的小说。J. K.罗琳随后一举成名，跻身英国最富有的女性之列，排名仅次于英国女王。文坛地位稳固后，J. K.罗琳才对外公布了几年前画下的那些图。后来，她手绘了限量版《诗翁彼豆故事集》（*The Tales of Beedle the Bard*），该书在拍卖会上创造了 398 万美元的成交价。

有太多人以图制胜

一旦你开始画图，就会发现类似的例子简直数不胜数。从达芬奇到贝尔，从爱迪生到乔布斯，再从查尔斯·施瓦布（Charles Schwab）到理查德·布兰森爵士（Sir Richard Branson），毫无疑问，他们是科技、金融和商业等领域的成功人士，但他们还有一个共同点，那就是：他们都画图。

此话当真?

很久以前，我就开始将画图技术应用于商业领域。我刚开始这么做时就观察到这样一个现象：无论何时，只要我们的团队带着一张事先准备好的图去见客户，再通过这张有见地的图向客户解释我们的想法，我们就能拿下项目，而且从未失手。

有时我们赢得大项目

汤姆森（Thomson）是全球最大的商业出版集团之一，当时正准备在纽约证券交易所上市。受该集团委托，我们开展了一个品牌调研项目。研究过程中，我们在该领域观察到一些有趣的现象，并将这些现象画成了一系列图，用于向CEO（首席执行官）汇报项目成果。结果，那位CEO在这些图的启发下萌生了一个战略想法，随后激动地将价值 400 万美元的咨询项目委托给我们。这个大项目最终促使汤姆森集团收购了路透社，由此形成的汤森路透集团目前是全球最大的专业出版公司之一。

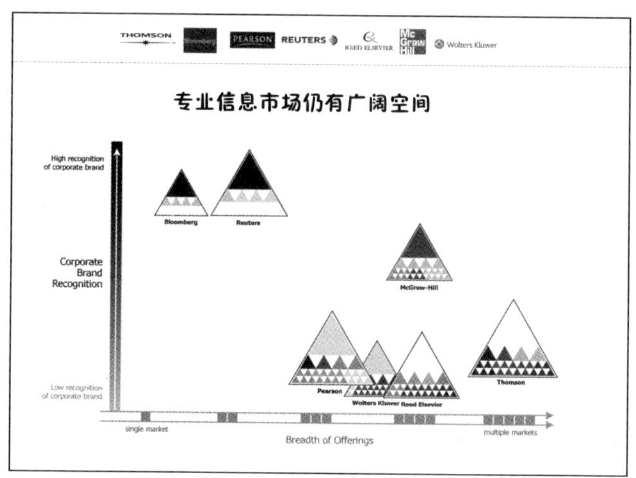

我们还曾向麦肯锡咨询公司的首席技术官推介过一种建立知识管理集成平台的新方法。我们同时借助乐高积木和画图技术，向对方阐释我们的理念。最后，作为竞争者中规模最小、经验最少的团队，我们拿下了这个项目。

用乐高积木解释什么是内网

还有一次，我们参加伍兹霍尔海洋研究所（Woods Hole

Oceanographic Institute）的战略项目竞标。该研究所曾成功锁定“泰坦尼克”号沉船位置，还发现了深水湍流的存在，其研究人员在气候变化领域拥有无可比拟的丰富经验。在这次竞标中，我们画了一张“科学市场地图”，以展示从旧数据中挖掘新信息的方法。研究所总监看见这张图后，当即取消了后面所有的竞标展示，并对我们说：“你们展示的东西正是我想要的。”就这样，那个夏天，我们的团队都在科德角[①]（Cape Cod）做项目。

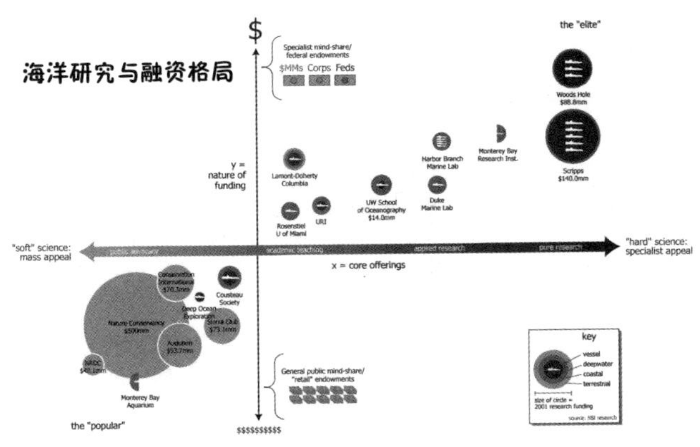

有时是小项目

画图既然能助我们赢得大项目，小项目自然也不在话下。

---

① 科德角是位于美国马萨诸塞州南部的一个钩状半岛。

当时，墨西哥湾外海钻井平台“深海地平线”(Deepwater Horizon)的原油泄漏事件闹得沸沸扬扬，联邦和州政府大为震动。我帮一家位于路易斯安那州的小型石油勘探公司画了几张卡通简图，展示了一个如何防止原油泄漏面进一步扩大的重磅创意。此前，这家小公司并没有受到联邦和州政府石油管理部门的重视。但在我们把简图递交至当地政府官员手中后，这项技术创意便在官员之间迅速传开了。很快，新技术被成功应用，有效帮助政府清除了泄漏的原油。

强行遏制深海原油泄漏的方法

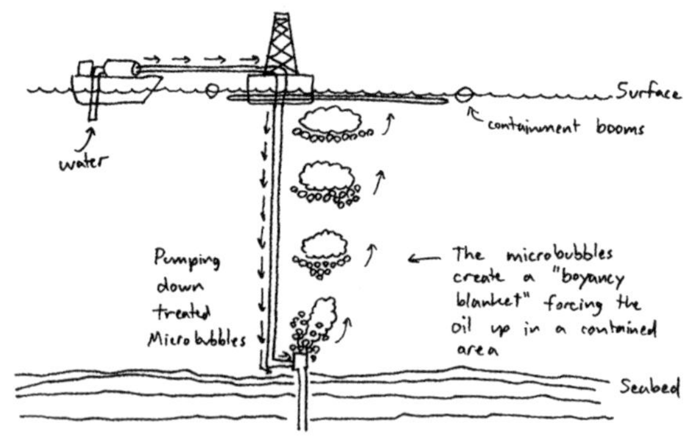

两年前，我有一个在IT（信息技术）企业任职项目经理的朋友失业了。为了帮她理顺职业目标并重新认识她的个人能力，我俩一起画了一系列草图。后来，在这些草图的指引下，这位朋友找到了更好的工作。她还进一步细化了这些草图，以此向潜在雇主展示为什么她是唯一能够胜任工作的候选人。最后，她不仅获得了这份工作，还使雇主愿意支付比原定标准更高的薪水。

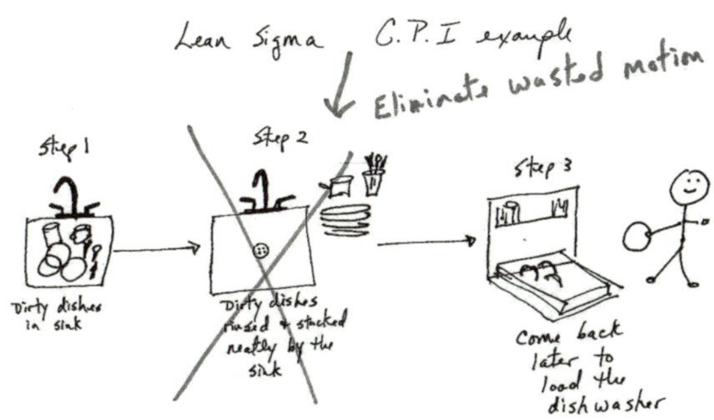

最后一个例子来自我女儿就读的学校。这所学校当时需要募集额外的资金，用于校园建筑的修缮。为此，我帮校方画了一套简图，向学生家长解释校方需要资金的原因。最终，学生家长的响应比预想的热烈许多，校方也因此获得了必要的资金。

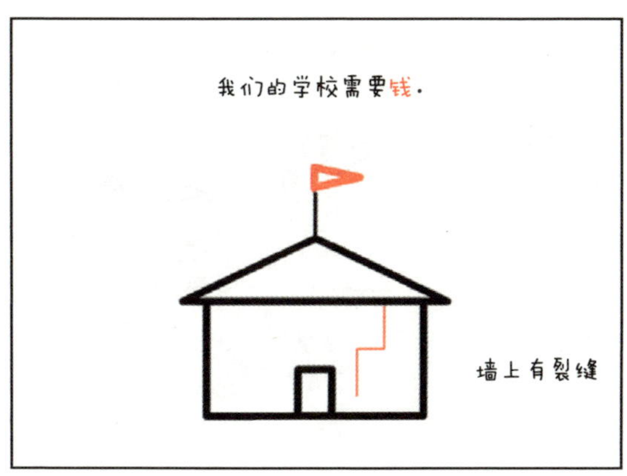

因此，我说这句话时是认真的：谁的图画得最好，谁就是赢家。

画笔颜色测试

或许你可能无法像我、海蒂或乔布斯一样画得那么好，又或许你甚至完全不会画图，但你仍然可以做到将事物变得可视化。关键在于，你得意识到自己在可视化方面的能力，并把视觉化思考应用到工作当中。

几年前，为了帮助人们发现自身的视觉化思考能力，我发明了一种快速自我评估测试。按照画图意愿程度的高低，人群可分

自我评估小练习：你的画笔属于哪种颜色？

为“黑笔人”（习惯把想法画出来的人）、“黄笔人”（很少画图但觉得图像有趣的人）和“红笔人”（从不画图且倾向于用纯文字详述事物的人）。

我在 400 余场会议上使用了这个评估测试，参与者共计超过 5 万人。测试结果不出我所料：25%的人经常画图，50%的人偶尔画图，25%的人从不画图。测试结果呈钟形曲线分布。你不妨测试一下自己属于哪类人，落在曲线的哪个区间内。

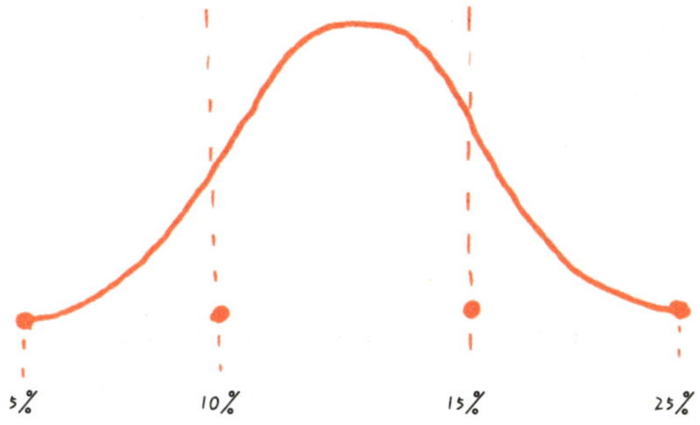

自我评估测试：你的画笔属于哪种颜色？

请回答以下问题，每道题限选一个最佳选项：

A. 假设我正在参加一场头脑风暴会议，会议室里有块大白板。那么我想……

1. 走到白板前，开始在上面画各种圆圈和方框
2. 走到白板前，开始在上面写下分项清单
3. 直接在白板已有东西的基础上进行添加
4. 管它什么白板不白板的，我们还有工作要做呢！
5. 我讨厌参加头脑风暴会议

B. 有人递给我一支笔，请我大致画下某个想法。我将……

1. 请对方多给我几支笔，至少要三种不同的颜色
2. 当场开始即兴画图
3. 回复“我画不了，但是……”，然后画下哪怕很丑的图
4. 写几个字，然后在字周围画上框
5. 把笔放在桌上，然后开始聊天

C. 有人给我一张好几页的复杂数据表。我将首先……

1. 感到昏昏欲睡，希望这张表自动消失
2. 把表从头到尾查看一遍，说不定会有有趣的想法冒出
3. 把表头读一遍，明确表格分为哪几栏
4. 在多个单元格间寻找共同数据
5. 注意到第二季度预算的OPEX（运营成本）变量幅度缩小

D. 结束会议回家途中，我在机场酒吧里遇见一位同事。这位同事问我现在做什么，我将……

1. 拿起一张餐巾纸，再向服务员要一支笔
2. 用几块糖搭出一张组织架构图
3. 从随身行李中直接取出一张PPT演示文稿
4. 回复道：“距离飞机起飞还有好一会儿，咱们再喝一杯吧。”
5. 使谈话转向其他更有趣的话题

E. 如果我是一名宇航员，那么飘浮在太空中时，我做的第一件事将是……

1. 做个深呼吸，把太空的景色尽收眼底
2. 拿出照相机
3. 开始描述所见的事物
4. 闭上眼睛
5. 尝试回到太空舱中

每个选项前的数字即为该题得分，现在，请将各题得分加和，即可得出你的测试结果：

5—9 分	“给我笔！”（黑笔人）
10—14 分	“我画不了，但是……”（黄笔人）
15 分以上	“我做不到可视化”（红笔人）

你的测试结果是哪种类型？这个测试结果之所以重要，是因为当我们确定自己属于黑笔人、黄笔人或红笔人后，才能更好地选择视觉能量的聚焦点。倘若你属于黑笔人，那么下一章内容对你而言将显得易如反掌。如果你是黄笔人，那么读完下一章内容后，你将变得更愿意画图。但假如你属于红笔人，那么下一章内容简直就是为你量身定制的。读完后，你将了解如何毫不费力地让自己的视觉化思考引擎全速启动。

本章要点小结

※ 图像能够使我们脱颖而出。事实证明，仅仅是简单的图像就能帮助我们占据领先地位、向他人推销产品、进行创新和开展培训。

※ 画图不是艺术家的专利。商业、科学、政治和文学领域的许多最伟大的思想，都曾被不具备专业艺术技巧的人画出来。

※ 虽然并非所有人都是艺术家，但是每个人都可以做到可视化。你要做的就是找到属于自己的可视化方法以解决问题，然后尽情使用这种方法。

关键结论：视觉化思考是你的良师益友。一旦学会如何使用它，你将以意想不到的方式获得成功。

[第三章]

先画一个圆圈，再给它命名

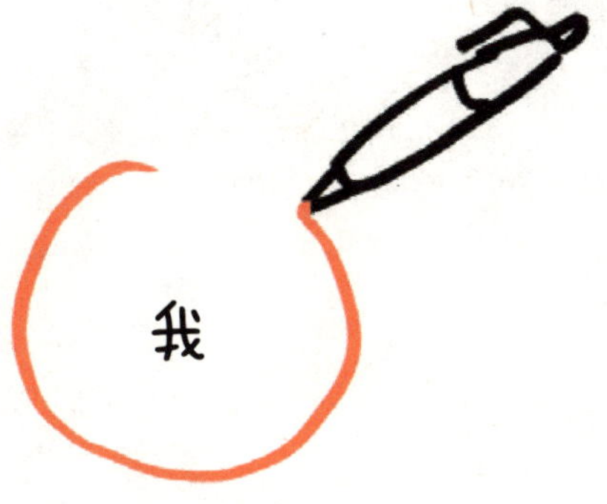

CHAPTER THREE

将想法付诸实践的方法就是少说多做。

——华特·迪士尼（Walt Disney），美国迪士尼公司创始人

我无法理解非图像化的东西。

——阿尔伯特·爱因斯坦（Albert Einstein）

首先，画图不是一门艺术，而是一种思维方式

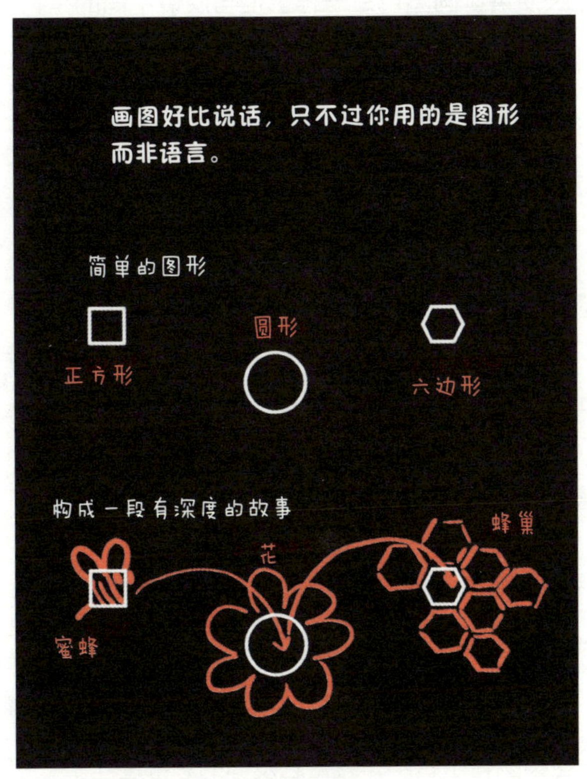

本章内容不会告诉你如何像天才艺术家一样画图，而是会教你如何将想法清晰地画出来。如果你自认为画不了图，那么读完本章你将意识到自己原先的想法是错误的。想画图，只要学习使用两种简单工具，看看它们的演示效果，然后试着多练习几次就可以了。

这么简单。我们不妨用演讲来类比。你第一次学习演讲时，演讲得并不太好。可一旦有了工具、接受培训并开展练习，你就能变得擅长演讲。画图也是一样。但与演讲不同的是，你只有先成为演讲家才能开口演讲，但你无须成为艺术家就能变得可视化。

不假思索地画下第一条线就已成功了一半

画图过程中，无须我们动脑的就是画下第一条线的那一刻。画下第一条线，你就已经完成了最难的部分。之后你大可告诉自己镇静下来，接着提笔在纸上再画一个圆圈。

◎ 画完圆圈后，你的画图工作就正式开始了。

然后发动脑力，给这个圆圈取个名字。你想叫它什么都行。只要是当你试图表达头脑中诸如“我”、“你”、“今天”、“明天”、“利润”、“我的公司”或“全球”的想法时，最先跃入脑海的名字就行。一旦圆圈有了名字，就会触发你的思考过程。

给圆圈取个名字，并把名字写在圆圈之中。

现在，你的思考过程也启动了。

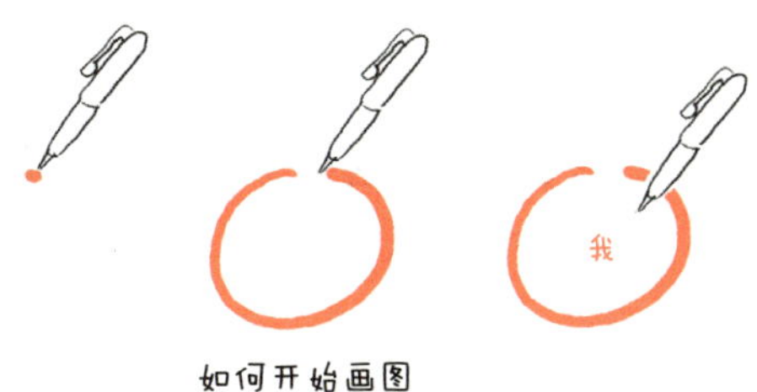

一旦画下第一个圆圈，后面的事就手到擒来

接下来，在圆圈周围多加几个图形，比如正方形、三角形或星形。现在，用箭头将这些图形连接起来，再给它们分别贴上文字标签。此时的你已然如同魔术师一般，使脑中的想法跃然纸上，形成了一幅简单的示意图。

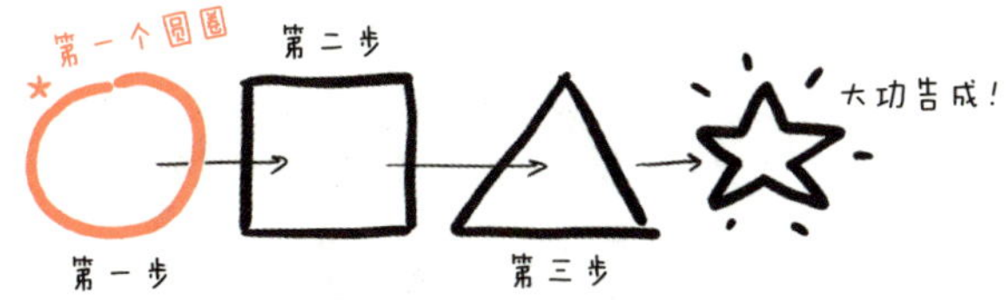

多数情况下，仅仅是画下第一个圆圈并给它命名就能促使你开始画图。之后，你只需让这个过程自然发生。你几乎总会发现自己画完一幅图后还想再画一幅图，直到你把想法全部画出来为止。

继续添加圆圈并给它们命名，这样就能把各种想法画出来

请注意观察以下各图中的第一个圆圈。你将会发现，只需多加几个圆圈，多贴几个文字标签，或多添一些细节，就能将各种不同的想法表达出来。

第一个圆圈之图 1： 三个圆圈交叠在一起就成了一幅韦恩图。下面这张韦恩图展示的是如何完美地制作一杯咖啡，以及制作过程包含的三个组成部分（同一幅图可用于展示贵公司的业务范围、顾客群或市场营销计划）。

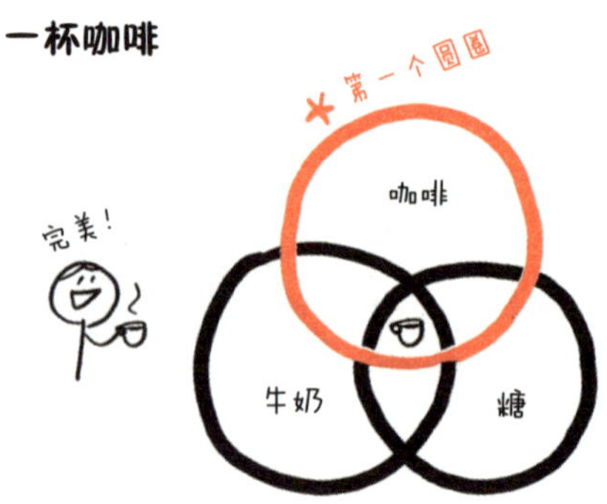

第一个圆圈之图 2：在三个圆圈里画上笑脸，就成了一幅深度反映市场竞争情况的图。下图展示的是市场竞争领域的“恋爱三角关系”（同一幅图可用于展示贵公司在市场竞争中的定位、接近目标顾客的方法或招聘需求）。

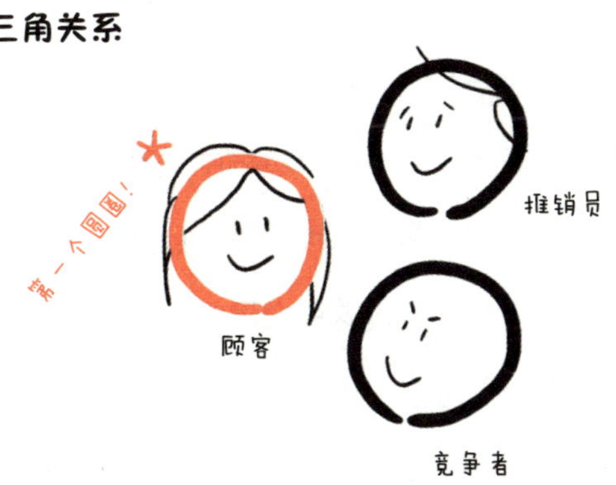

第一个圆圈之图 3：两个大圆圈、两个小圆圈和一个三角形，就成了一辆自行车。这些图形还可任意组合成其他物体（类似的图可用于展示贵公司的产品目录或市场开拓策略）。

一旦开始画图，最难的部分很快就会过去

从第一个圆圈可以衍生出多种类型的图，因此一旦你画下第一个圆圈，后续的事情就会手到擒来。等你回过神来，可能已经画下了各种方框、三角形、直线和箭头，而此前一直埋藏在你头脑中的想法，此时也浮现在你眼前。

事实上，当你开始动笔，整个过程中最难的部分就已过去。这就是人类视觉化思考的力量。这种力量一旦开启，我们脑中的想法就会自然地流露出来。而激发这种力量的，仅仅是一个被赋予名称的圆圈而已。请拭目以待吧。

万一思路一时堵塞，只要在图上添些新的图形、箭头和文字标签，你总能重启自己的视觉化思考。

从基本形状着手，使画图轻而易举

在你需要创作的商业图画中，90%仅由七大基本形状构成：

1. 点

2. 线

3. 箭头

4. 正方形

5. 三角形

6. 圆圈

7. 不规则形状

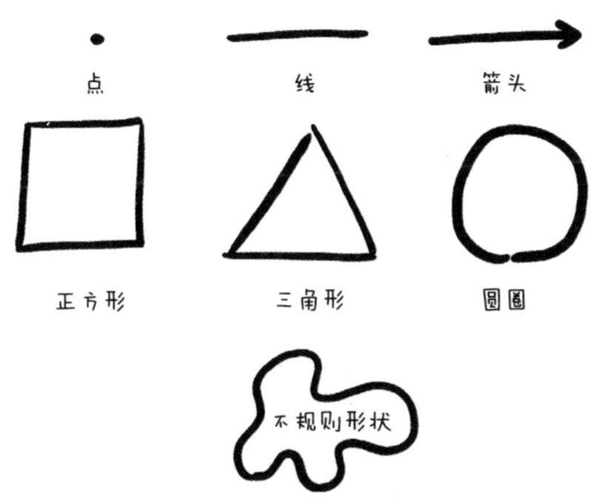

有了这七大基本形状，你几乎能画出所有东西。

基本形状的画法都一样：先画一个点，剩下的就交给笔来完成吧

画图好比说话。除非你张口说些什么，否则就没有声音。因此，你得说："画一个点。"然后在图上画下一个点。借助图像发声，就是把笔放在那一点上，然后朝合适的方向画一条线。

什么才是合适的方向？这取决于你想画的基本形状。

工具 3A：商业图画的七大基本形状

以下是画出七大基本形状的方法：

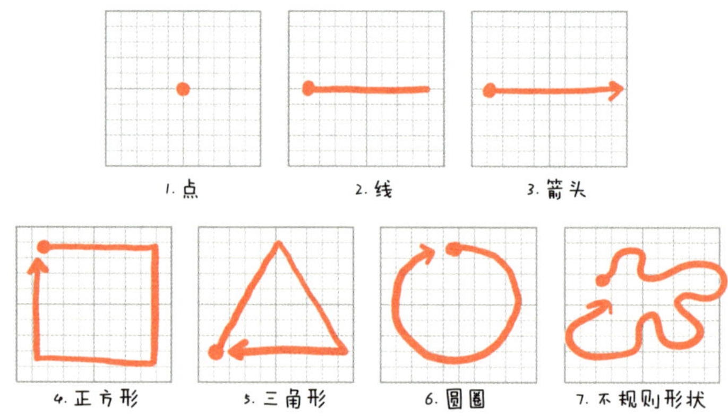

- **点**：所有线的起点。
- **线**：所有图形的起点。
- **箭头**：一条表示方向、影响或演变意义的线。
- **正方形**：用四条线将四个顶点连接而成。若将对侧的两条线拉长，可变为长方形。若将对侧的两条线倾斜，可变为梯形。
- **三角形**：用三条线将三个顶点连接而成。
- **圆圈**：一条线首尾相连而成。将圆圈压缩，就成了椭圆形。

不规则形状：仿佛一条线在回家前到处游荡而成。不规则形状代表非结构化的事物，或表示某事物存在一定问题。

你将创作的每张商业图画都由这些基本形状构成

为了创作出更有思想深度的图画，你只需把七大基本形状进行排列组合。组合方式相当简单，因为商业领域常用的六类图几乎能用来表达、解释你的每一个想法。

大多数物体可由基本形状巧妙地排列组合而成

1. 把正方形、圆形和三角形组合起来，就能创造出简单的物体和人形。

2. 把长方形堆积起来，或把圆形切成几块，就成了一张表格或饼图。

3. 将两根箭头十字交叉，再在合适的象限里放上形状，就能画出一张象限图。

4. 将若干粗大的箭头（即长方形与三角形的组合）并排放置，

就成了一条时间轴。

5. 将不同形状以一定次序排列好，再用箭头将它们连接起来，就能画出一张精美的流程图。

6. 将任意数量的简单形状进行组合，就能画出等式。

请多练习用基本形状画这六类图。掌握了这六类图，就相当于掌握了商业领域全部图形的 90%。

工具 3B：商业领域六类常见图的基本图形组合

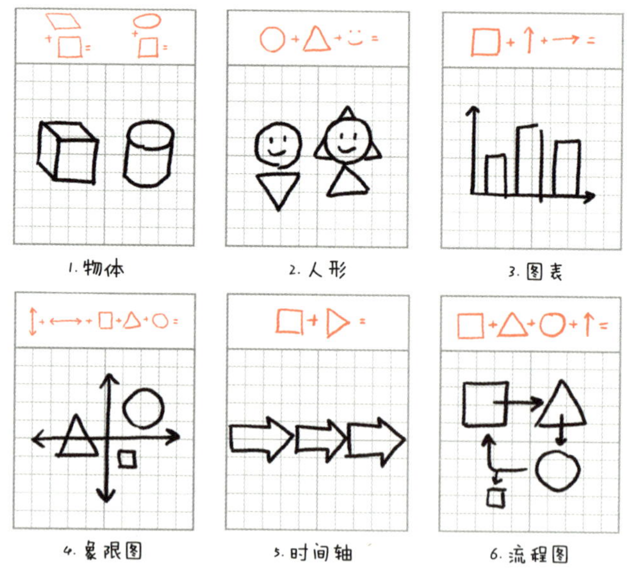

由简到繁，比一口气画完整张图更容易

我们在商业可视化方面可能犯的最大错误，就是期待自己能将一个想法快速、完整地画在一张图上。勤加练习的老手或许能以此为目标，但对初学者而言，这种期待不仅不切实际，甚至还可能阻碍进步。这样一来，你可能还没见识过图像表达思想的力量，就选择半途而废。

与上述情况相反，我们应该试着先画下一个想法的局部。比如先用前述的基本形状组合出单个构图元素，再对该元素命名。接着问自己“下一步是什么”，再画下第二个构图元素，并为其命名。就这样继续下去。一旦画好几个构图元素，你的视觉化思考就会帮你完成接下来的构图。

只要看到事物之间的联系，你的视觉化思考就会开始快速发散，自动理清事物之间的逻辑关联，发现新的可能性，并添加构图元素。你的潜意识在说“我想画完这张图”，驱使你发现逻辑模式，并将语言无法表达的想法用图像呈现出来。

以波音 787 飞机为例。这架飞机配备尖端技术，其机械构造在所有大批量生产的机型中最为复杂。说着 14 国不同语言的 600 家供应商直接向波音公司供应这款机型生产所需的零部件。那么，波音公司究竟是如何统筹这些供应商的呢？有两种方法：第

一，所有通信都基于图像进行；第二，将整架飞机拆解出的各部件一一画出。你不妨用同样的方法表达自己的商业想法，然后静待好的结果发生。

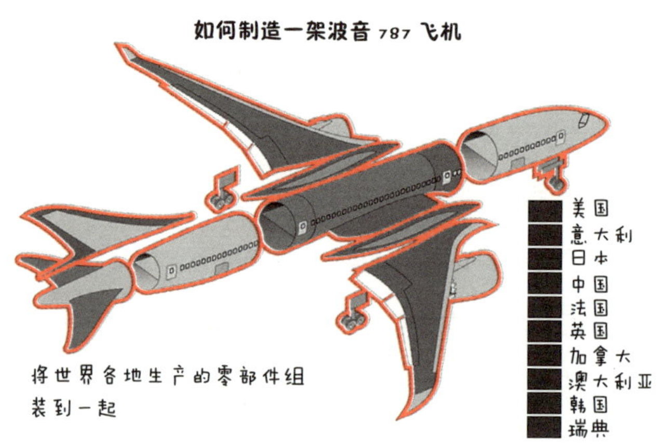

分析式作图与合成式作图的简要对比

在学术文章中，这种将整体一一拆解的画图方法被赋予了一个专业的技术名词：分析式作图法，又称“演绎式作图法”。通过将复杂的事物拆解成容易理解的细分元素，它使人们得以清晰地看见一个想法或物体的各个组成部分。在 90% 的情况下，这种可视化方法更适合分析商业问题。

与“分析式作图法”相对应的是“合成式作图法”，或称“格式塔作图法”。这种方法旨在一次性捕捉一个完整想法，虽然有助于我们看清事物的全貌，却在“解决问题”的实战过程中应用甚少。此外，对于大多数人而言，这种作图法要难上手得多，因而容易导致我们出现沮丧情绪，最终我们还没来得及见证画图的神奇潜力，就选择了放弃。

用分析式作图法画一匹马

这种作图法将会使你得心应手：按部就班，将各个组成部分拼凑成一个整体。

用合成式作图法画一匹马

使用这种作图法容易令人沮丧：想一次性看到并捕捉一个事物的全貌，往往使人无法看见事物的内部构造。

多数时候画图只需要你打破常规做法

一站在拳击台上，我就像回家了一样。

——弗洛伊德·梅威瑟（Floyd Mayweather Jr.），美国职业拳击手

使画图变难的因素：

- 缺乏耐心
- 不知道要画什么

- 担心画不下去
- 边画边改
- 对着一张白纸，头脑一片空白
- 以为画图是一门“艺术”

使画图变容易的因素：

- 求知欲
- 从一个圆圈开始
- 放手去画
- 先画再改
- 标记页码
- “大胆行动吧”

初级商业画图举例：创新是什么

如果你在硅谷工作，就会经常听到“创新”一词，例如“我们需要对这方面进行创新”，或是“我们要提出一个创新性的解决方案”。然而，你很少听到人们讨论“为什么要创新”这类问题。（我的意思是，一直重复以前的做法有什么问题吗？我们之所以变得精于某事，靠的不正是重复练习吗？）

以下是一个简单的例子，展示的是画图为什么能帮我们解答“为什么要创新”之类的大问题。

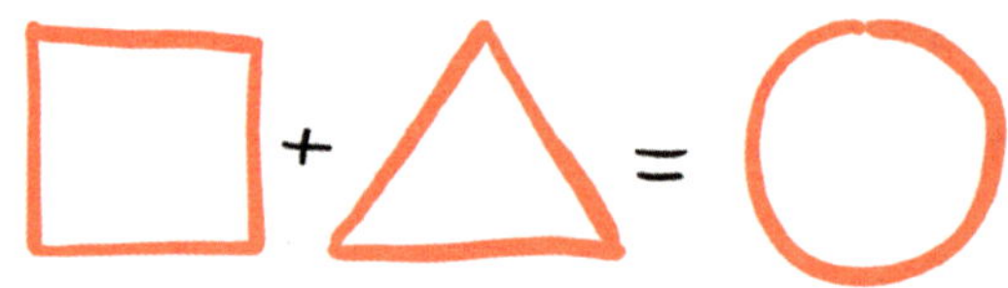

◎ **正方形**代表我们当前的做事方式。我们熟谙自身所处的商业领域，并且使一切尽可能趋于完善（现代商务人士好比正方形，棱角分明，直来直往）。

◎ **三角形**代表“变化”，提醒我们所处的世界处于不断的变化之中。三角形有多大，取决于我们所处的商业领域有多动荡。

◎ **圆形**代表“变化的对立面”。若是我们因循守旧，未来会变得跟现在截然不同吗？还是仅会发生些许轻微的改变？

这幅小小的简图在15秒内就能绘制完成，但它承载着的想法足够你和客户、消费者或团队成员聊上好几个小时。

- 我们有多了解当下的商业？
- 我们所处的商业领域正以多快的速度发生着多大的变革？
- 倘若我们维持不变的话会怎样？

这就是由一个圆圈开启的力量，而且这一力量会自我驱动、自我发展下去。无论商业想法如何复杂，只要被拆解成基本的图像元素，都能被清晰地展现出来。

本章要点小结

※ 画图不是一门艺术，而是一种思维方式。

※ 先画一个圆圈，再给它命名，你就已经开始画图了。

※ 七大基本形状——点、线、箭头、正方形、三角形、圆形和不规则形状都很好画。

※ 请练习用简单的形状组合成商业领域常用的六类图：物体和人物、图表、象限图、时间轴、流程图和等式。

关键结论：每个人都能变得更可视化。你需要做的只是提笔画一个圆圈，给它命名，然后让事情自发进行下去。

[第四章]

眼到哪里，思维就跟到哪里

CHAPTER FOUR

人脑的大多数区块专门负责处理视觉信息。

——利奥·夏卢帕（Leo Chalupa），美国乔治·华盛顿大学教授

你是一个伟大的视觉型人才

让我们暂时抛开自己能不能画图的问题，转而思考一下这些事实吧。

1. 人脑的大多数区块专门处理视觉信息。

视觉神经科学领域的近期研究结果显示，人脑活动总量的近 2/3 都用于支持视觉功能。大约 1/3 的脑部神经元专门处理视觉信息，还有 1/3 的神经元同时处理视觉和其他感官信息，最后 1/3 的神经元处理剩下的各类信息。

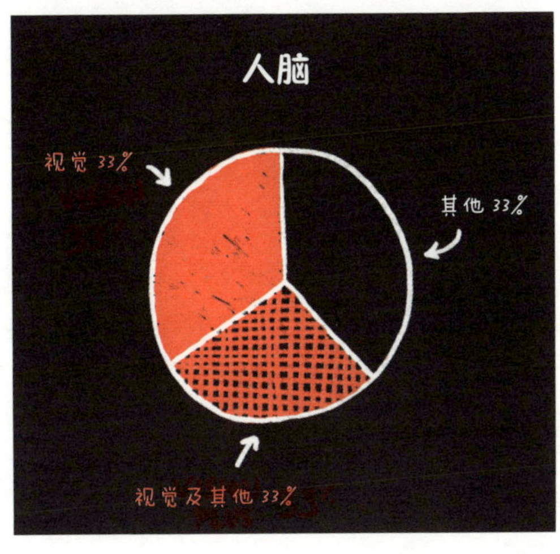

2. 大脑是人体中耗能最多的器官。

美国人的平均体重为 89 千克。普通人脑约重 1.364 千克，不及人体体重的 2%。然而，大脑每天消耗的能量却是人体消耗总能量的 20%。

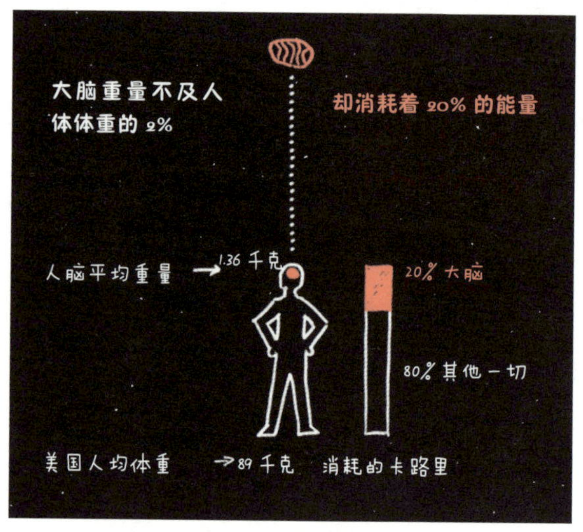

换言之，大脑是全身耗能最多的器官，而且其大多数区块都被视觉活动占据。对于每个人而言，视觉活动就是我们每天所做的最重要的事。

我们接收的视觉信息都去哪儿了

显然，视觉是一项重要的机体功能。它帮我们明辨方向，避开潜在威胁，给予我们激励，还使我们获得新知。单就神经科学领域的统计数字来看，所有实现其他感知功能的神经元数量之和，也不及处理视觉信息的神经元数量。而且你知道最酷的事情是什么吗？那就是你对此毫无察觉。你从不会注意到自己的视觉系统得多努力工作，才能使你维持站姿和进行移动。人体视觉系统既自发又可靠，堪称奇迹。

神经生物学研究揭示了一个简单的事实：我们的眼睛喜欢看东西。无论是颜色、形状、大小、质地、位置还是图案，都使我

们的眼睛好奇不已。究其原因，最主要是因为眼睛在努力把事情弄清楚，而且它们相当精于此事。

试想，要是我们能更好地理解视觉系统的工作方式，将有多强大的视觉力量可以为我们所用。我的看法是：你不仅能对视觉力量有更加深刻的感触，还能轻易地理解视觉系统的工作方式。届时，你将明白为什么图像比其他任何事物的说服力都要强。对，就是这样。

对可视化能力进行投资将产生的回报

为了使我们看见东西，大脑可是费了不少力气。既然我们在视觉方面的投资如此巨大，就该从中获得高回报。简而言之，如果眼前没什么有意思的东西能够吸引你，你的视觉机器就会暂时收工，转而搜寻草木更加繁茂的“牧场”。一旦找到这样的“牧场”，你的视觉系统就会变得高度专注。这就是为什么 90% 的 PPT 演示都是失败的：因为这些演示充斥着文字，而进行演示的人又总是夸夸其谈（这两者对视觉系统的吸引力都撑不过两分钟）。因此，虽然观众神游天际，但他们这样做实际上是被逼无奈。如果你强迫观众听上两三分钟的文字和例证解释，他们就会四散而去，只留下你纳闷为什么自己渴望与他人分享，却无人对你的奇思妙想感兴趣。

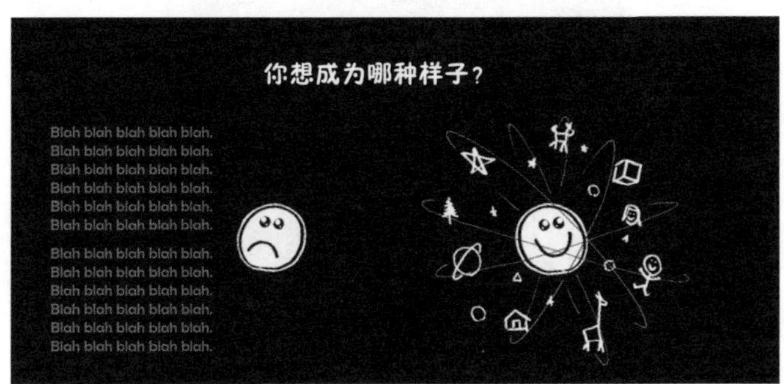

怎样才能让视觉高度专注

使视觉一连专注几小时并非难事。一旦了解视觉系统的运作方式，你就能找到若干种使视觉高度专注的方法。其中，最简单的方法就是边说边做标记。每当你做一个标记，就像在告诉眼睛：

"喂！看这里！这难道不酷吗？现在看这里吧。真棒啊，对吧？"这听上去可能简单到难以置信，但它屡试不爽。为什么？因为眼到哪里，思维就会跟到哪里。下面展示的就是让眼睛引导思维的方法：

使视觉高度专注的七大方法

1. 边说边做标记。

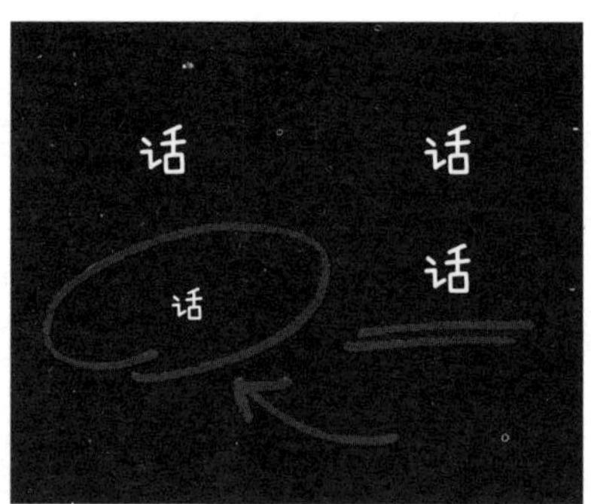

2. 把说出口的话用图画下来（或至少在说的同时展示图片）。

3. 确保图像内容与语言表意一致。

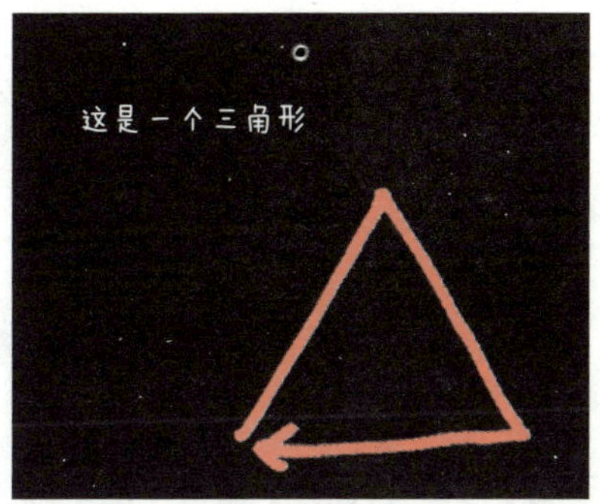

4. 使图像简单、重点突出。

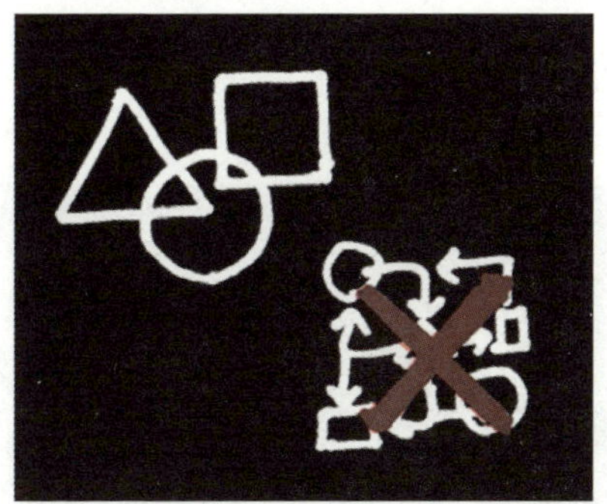

5. 如果图像复杂，就对它加以解释。

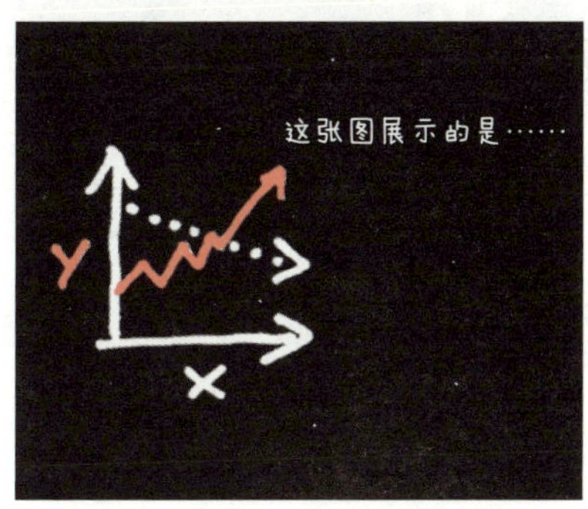

6. 如果想法复杂，就一步一步将它画出来。

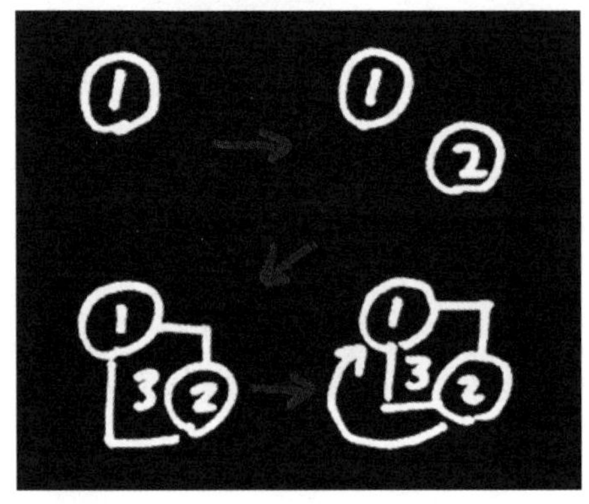

7. 用正确的顺序画正确的图。

现在，你可能会问，什么才是正确的图，什么又是正确的顺序呢？这是个好问题。

用什么顺序思考，就用什么顺序画图

媒体行业奉行一种理解和解释概念的经典方法。这种方法最早可追溯至古希腊时期，现在被称作“5W”法。如今，从小学课堂一直到顶尖的大学新闻学院，教师们还在向学生们传授这种方法。

这种方法的原理是：如果你想理解或解释某个事物，那么采用初始的“5W”法，即通过回答“人物”（Who）、“事件”（What）、“时间”（When）、“地点”（Where）、“原因”（Why）外加第6个问题“数量”（How much），就能涵盖目标事物的各项基本要素。从认知科学的角度来看，古希腊人发明的这种方法正好切中要

点。虽然他们并不自知，但他们创造的实际是一张相当缜密的思维导图（这张图尤其符合新皮质的认知特点，新皮质即大脑中负责“理性思考”的区块）。自古希腊人发明“5W”法起的 2 000 年内，人类只在原来 5 个问题的基础上新增了一个问题:“数量”。之所以会新增这样一个问题，是因为我们的大脑也喜欢数数。发展至今，“6W”法已成为一个经过实践检验的模型。无论何时，只要想在写作中以一种清晰、全面和透彻的方式将事物表达出来，都可以采用这种方法。

但我想告诉你的是，有一种方法比“6W”法更简单。它在这套旧方法的基础之上添加新意，以可视化的方式帮助我们向他人展示想法。此外，我还有更好的消息要告诉你，接下来我将向你介绍的正是这种方法。

首先，你得了解视觉系统的工作方式

虽然你大可跳过这部分内容，直接进入有关画图方法的介绍，但我依然认为理解自身视觉系统的工作方式是一件很酷的事。从神经动力学的角度来看，视觉系统的工作方式可描述如下。

1. 光线在你眼前的物体上发生折射，几乎瞬间以光子的形式进入你的眼睛。但这些光子只是微弱的电子信号，尚不具备任何意义。因此，你的视觉引擎（包括虹膜、视神经、视觉皮层以及大约50亿个神经元）必须开足马力，才能识别这些光子。

2. 你的眼睛随即开始对这些光信号进行过滤。光信号将分流进入一系列初始通路。其中，“事件”通路负责分辨物体是什么，“数量”通路负责计算物体数量，而“地点”通路则负责确定物体方位。这三条通路基本相互独立，在脑部不同的区块中并行。

3. “时间”通路能够借助多重扫描功能发现物体方位的变化，进而捕捉到物体之间相互作用的先后顺序。这使你的思维意识到物体正在移动，或者举个更实际的例子，它使你能够意识到时间的流逝。

4. “流程”通路是视觉图像处理的最顶层通路，其功能是将物体本身及其数量、方位和相互作用的顺序全部组合起来，由此创造出一种前因后果式的视觉模型。借助该模型，我们大脑的剩余部分得以知晓周围有什么事正在发生。

5. 最后，“原因”通路（因其属于“视觉认知”范畴，所以本质上并非一条真正的通路）从这个前因后果的模型中总结出一套“可用信息”。从光子到“可用信息”的全过程大约耗时0.1秒，而且只要我们的眼睛处于睁开状态，该过程就会持续发生（虽然该过程在我们做梦时也会发生，但方式不同）。视觉系统获得的信息与其他感官获得的信息整合，最终使我们得以知晓事物的全貌。

下面是一张解释视觉系统工作方式的简化流程图：

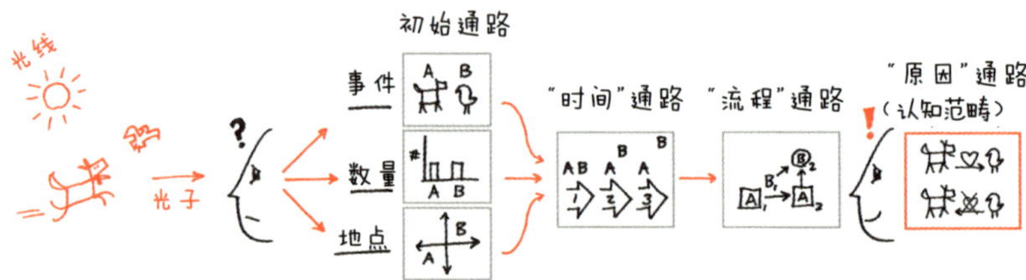

在此过程中，两件事至关重要。第一，视觉的产生并非随机，而是依赖同类图像以同一次序一而再、再而三地重复而成。第二，视觉的产生是可预测的。了解这两个事实后，只要配以最简单的图像，你就能战无不胜地指挥眼睛，进而引领思维。

视觉的产生并非随机：只需六类图就能解释一切

前文讲述的视觉工作原理的流程图还有另外一种画法。这一次，我们不管大脑活动，只关注大脑看见的东西。下图中的简化流程展示的就是大脑爱看的六类图：

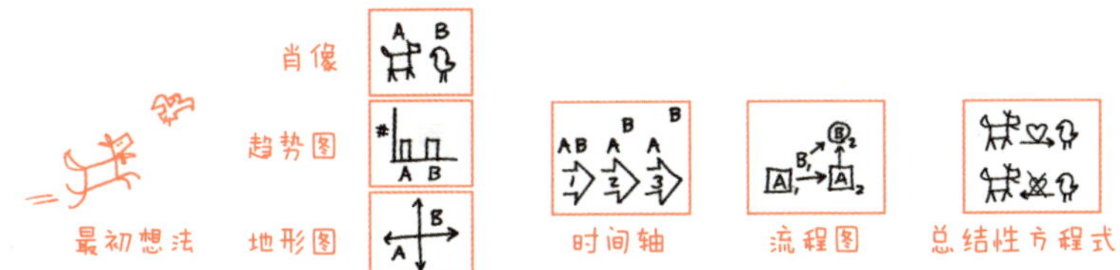

这张图之所以重要，是因为它传递出这样一则信息：只要你能画出这六类简图，包括（人或物体的）肖像、趋势图、象限图、时间轴、流程图和方程式，就能使一切事物以可视化的方式清楚地展现出来。

现在你明白为什么我之前要向你介绍六类商业图（工具 3B）是如何一步一步画出来的吧。这六类图不仅是进阶商业作图的良好基础，而且它们本身就是进阶商业图。无论你是试图用图像清晰地展现思路，抑或只是想向他人展示一目了然的图像，你需要掌握的只有这六类图。

工具 4A：阐明思路的六类基本图

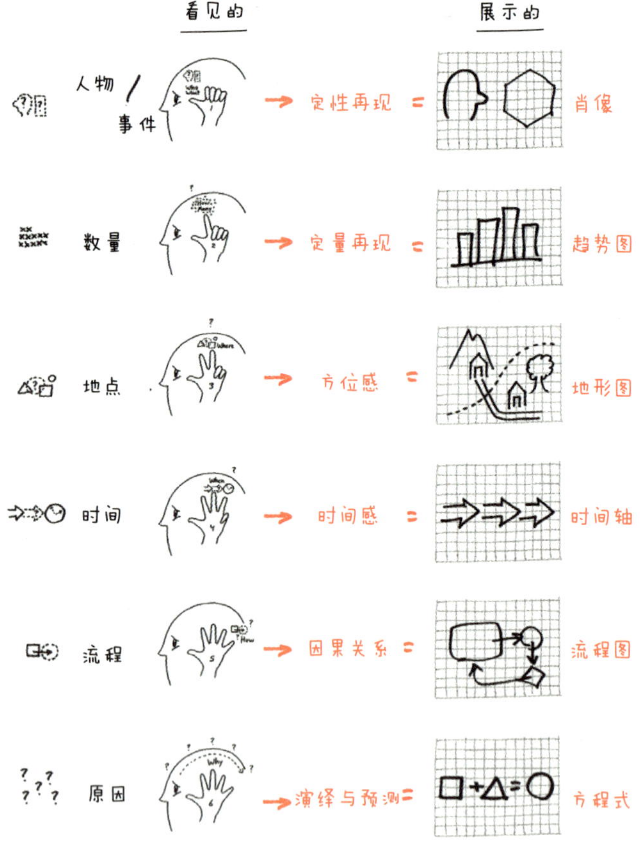

视觉是可预测的

关于视觉过程，我们已经了解的第二大事实是视觉是可预测的。这句话的实践意义在于，我们在解决问题、做PPT演示、授课或就某事物进行解释过程中的任何一个时间点上，都能精确地预测出观众的眼睛喜欢看什么。因此，如果我们能以正确的顺序向观众展示正确的图像，就能达到以下三方面目的：

- 解释一切事物。
- 使任何事物令人印象深刻。
- 使任何事物变得引人入胜。

达到使人连连惊叹的效果就对了。即便在你看来并不新鲜的事物，一旦通过这六类图加以展现，就能清晰地呈现出全新的意义与深度。

你的视觉执行委员会

试着把我们的视觉系统想象成一家经营良好的公司。视觉就像大脑中一个高效的执行组，通过帮助我们看见周围的世界并避开潜在危险，使我们安全地活着并获得发展。

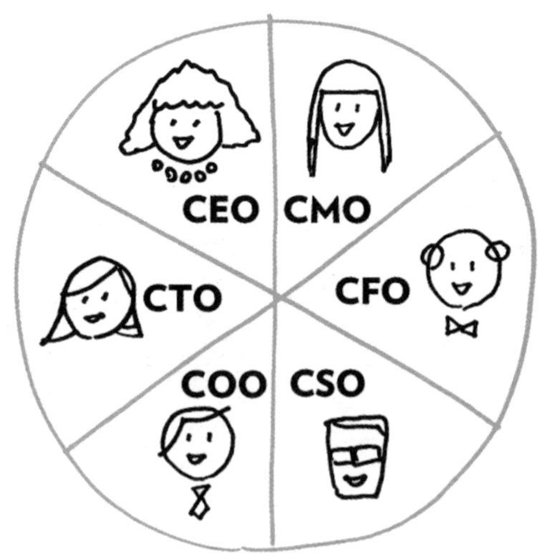

正如许多大公司一样，我们的视觉执行委员会由 6 名委员组成，各自负责管理一条视觉通路。首席营销官（CMO）负责管理

“事件”通路，首席财务官（CFO）负责管理“数量”通路，首席战略官（CSO）监督“地点”通路，首席运营官（COO）负责“时间”通路，首席技术官（CTO）处理“流程”通路，而首席执行官（CEO）则掌管“原因”通路。

在这家视觉公司中，每位执行委员都负责收集某类视觉信息，并用收集到的信息生成某种图像，再将图像分享给其他执行委员。

下图示意的是各个执行委员负责生成的图像类型。

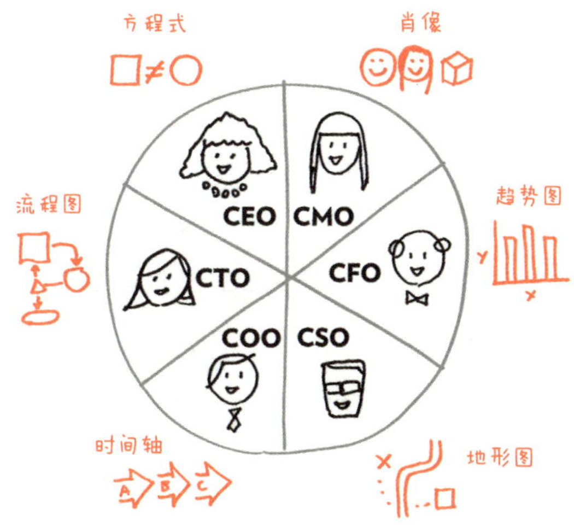

以下是各位执行委员收集、汇报视觉故事的顺序。

1. 我们视觉系统中的首席营销官负责画肖像。

首先行动的是首席营销官。她需要判断出听众是谁，以及我们正处于何种环境。我们认识这些人吗？他们会影响我们吗？他们想从我们这里得到什么？

首席营销官所画肖像展示的内容是：“听众是这些人，周围有这些事物。所以……我们该怎么办？”

我是首席营销官，让我来告诉你我们的顾客是谁，以及我们向顾客提供什么。
（我画的是肖像。）

2. 我们视觉系统中的首席财务官负责画趋势图。

首席财务官好比视觉系统中的会计师。首先，他得通过计算对数字形成良好概念：有多少数量？之后，他得注意观察趋势：数量呈增加还是减少趋势？

首席财务官所画的趋势图展示的是数量和趋势，以及它们可能对视觉系统和我们本身产生的影响。

我是首席财务官，让我来告诉你我们有多少东西，以及我们需要多少东西。（我画的是趋势图。）

3. 我们视觉系统中的首席战略官负责画象限图。

与此同时，首席战略官正密切注意一切事物所处的方位。哪些事物近在眼前（这是当下最需要担心的事），哪些事物离我们很远（这些事可以稍后再说），以及哪里还有空地（我们去那里吧）。

首席战略官不停地发现事物所处方位蕴含的潜在风险，并寻找通往成功的新契机。他画的象限图捕捉的是威胁和机遇所在的

我是首席战略官，让我来告诉你我们在哪里，以及我们要去哪里。（我画的是象限图。）

位置。精准的象限图使视觉系统知道接下来该看向何处。

4. 我们视觉系统中的首席运营官负责画时间轴。

首席运营官将肖像、趋势图和象限图以正确的顺序串联起来，并确保各环节在时间点上精密衔接。

基于这些信息，他画出的时间轴展示的是到目前为止已经发生的事，以及接下来为了推进工作我们需要做的事。很好，现在你和你的视觉系统已经收到了开展下一步工作的指令。

我是首席运营官，让我来
告诉你我们在什么时间点
上需要采取什么行动。
（我画的是时间轴。）

5. 我们视觉系统中的首席技术官负责画流程图。

明确了已有信息、事物数量和工作过程，接下来要做的就是搭建系统和架构，使后面的每一步在技术上可行。这正是首席技术官的工作。

那么她画的是什么图呢？是流程图。流程图展示的是各环节如何相互作用，信息呈何种流向，以及如何监控收集来的所有数据。流程图通常最复杂，对逻辑与清晰度的要求极高。

我是首席技术官。让我来告诉你我们如何从技术上使一切变为现实。
（我画的是流程图。）

6. 我们视觉系统中的首席执行官负责画视觉方程式。

作为视觉系统的最高领导者，首席执行官必须统筹所有信息，并形成指导下一步行动的最终决策。

首席执行官展示决策过程的最佳方法，就是画一张简单的“视觉方程式”。

不妨把这视为故事寓意的可视化过程，最简单的图像却能以最明了的方式表达最丰富的信息，为你和你的视觉系统指明愿景、方向和目的。

我是首席执行官。让我来告诉你我们为什么要做这些事。（我画的是方程式。）

以上就是各位视觉执行委员扮演的角色、所画的图像类型及他们向大脑展示图像的顺序。理解了这个顺序，就理解了视觉处理过程。在接下来的章节里，这个顺序将带领我们做出有效的视觉决策。

本章要点小结

※ 我们每个人都是伟大的视觉型人。我们的精力每天主要消耗在观察周围的世界上。

※ 只要理解视觉系统的工作原理，我们就能轻松介入该过程，以此激励、引导他人。

※ 视觉是可预测的。当我们以正确的顺序画出正确的图时，就能长时间地吸引别人的注意力。

关键结论：眼到哪里，思维就跟到哪里。你展示给观众的东西越有趣，他们的思维就越愿意长时间地追随你。

[第五章]

从“人物”开始

CHAPTER FIVE

我对别人充满好奇。这正是我演艺生涯的本质。我想知道你过着什么样的生活。

——梅丽尔·斯特里普（Meryl Streep），美国著名女演员

图像的顺序因为人而变得重要

刚才展示的六类图肯定能帮你理清思维，因为它们直接反映了你运用视觉化思考观察世界的方法。如果你想解决某个问题，不妨依次画出各类图。当你画完第三张图（即“象限图”）或第四张图（即“时间轴”）后，一个潜在的问题解决方案就能浮现出来，而且你会发现，自己的想法以更清晰的脉络重新焕发了生机。

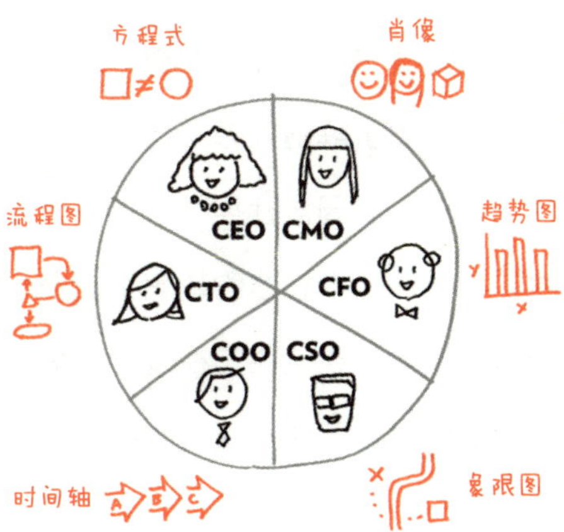

但我们应该怎样向他人展示这些图呢？当我们做一场PPT演示、向他人提供指导性意见、向他人兜售某个想法抑或教授他人时，展示图像的顺序还那么重要吗？当然。因为大家都是人，所以图像的顺序永远重要。

人们喜欢谈论别人

伟人谈论想法，庸人谈论事件，小人谈论别人。

——埃莉诺·罗斯福（Eleanor Roosevelt），美国前第一夫人

埃莉诺·罗斯福虽然天资聪颖，但她这句话说错了。谈论别人的不是小人，而是所有人。我们无时无刻不在谈论别人，即使在谈论想法或事件时，其中90%的内容也必然涉及人。这是人类的天性使然：我们乐于了解别人想做什么。大学毕业后，我的第一份工作是在旧金山一家周报社担任视觉设计师。当时，报社正重新设计版式，我们的艺术总监约翰萌生出一个宏伟愿景。鉴于每个人都喜欢谈论别人，我们决定在设计和编辑上尝试一个新方向：我们依然报道新闻，但这一次，我们将人置于新闻故事的核心。

现在，刊登于报纸头版的不再是精心创作的政治漫画，而是制作精良的人物肖像照。这项举措使我们的报纸发行量近年来首次出现了大幅提升。

这次经历使我受益终生。我们固然在意想法，在意事件，但最在意的，莫过于和我们一样的其他人。

人是一切的核心

互联网上充斥着太多网站……却没有任何一家网站能够帮我们找到生命中最重要的东西：人。

——马克·扎克伯格（Mark Zuckerberg），Facebook创始人

无论从事何种职业，每个人工作的核心都是找人。为了在事业上获得成功，我们需要观察目标人群，了解他们，发现他们的个人特质。此外，我们还需要将他们的特质画下来。你没看错，我们有时就是需要将这些个人特质画下来。

多数问题深挖到最后都是人的问题。

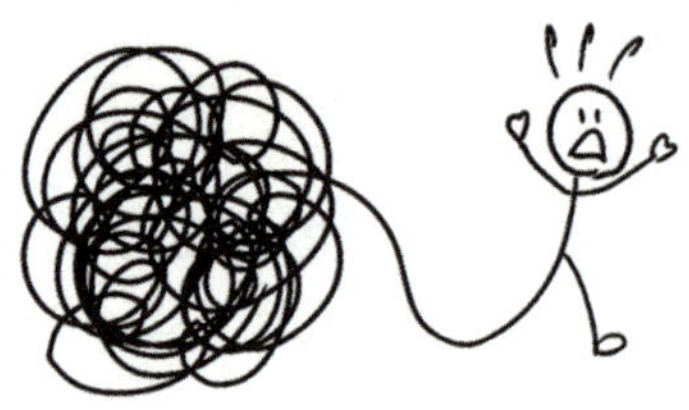

只要深入了解人，就能找到解决方案。

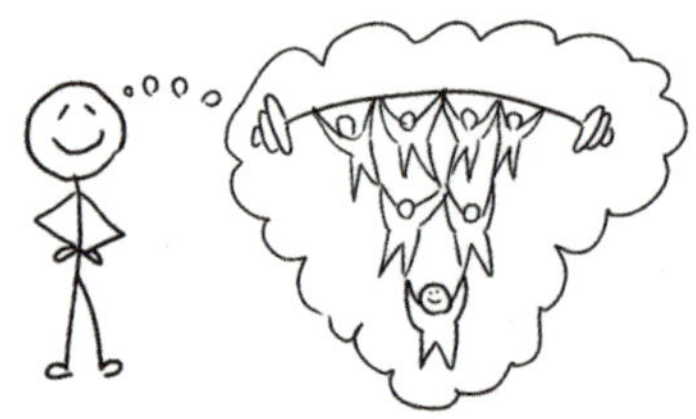

从展示“人物”着手

一个发自内心对别人感兴趣的人在两个月内结交的朋友，比一个只希望让别人对他感兴趣的人在两年内结交的朋友还多。

——戴尔·卡耐基（Dale Carnegie），美国人际关系学大师

要想让观众聚精会神，就让他们看到“人”。要想赢得观众的心，就让他们看到“自己”。

当你希望别人接受你的想法时，第一要务就是让他们知道“这件事涉及哪些人”。这里的“人”包括所有人，不仅限于谁犯了错，谁是受害者，抑或谁是赢家。电视台转播足球赛时，最先播报的一定是参赛球员名单。我们去剧院看演出时，工作人员首先递给我们的就是演出小海报，上面列着全体演员的名字。项目启动会上，第一道程序便是与会者每人做自我介绍。

首先了解有哪些人，不仅是一项好习惯，还是学会视觉化思考的硬性要求。我们大脑中的“事件”通路之所以最先识别人，正是因为人是成事的先决条件。

然而，并非每个人都占据同等重要的地位。在我们的思维看来，有一方几乎总是比其他方更重要：那就是我们自己。每个人都认为自己最重要。

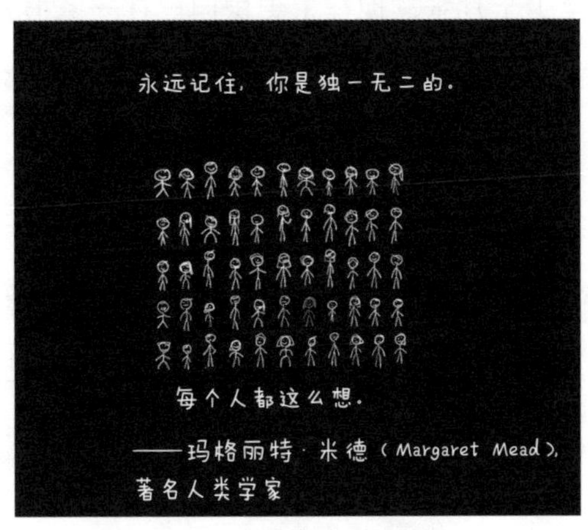

因此，要想赢得观众的心，就得先让他们看到自己在你的想法中处于何种位置。当人们明白你的想法将如何影响他们时，他们就会全神贯注于你所说的事情上，即前述的“事件”、“地点”、“时间”、“流程”及“原因”。

问：向观众展示“人物”的最佳方法是什么？

答：让他们看脸。

人脑视觉能力的绝大部分都被用于辨识人脸。我们的视觉系统不仅能看见人脸，还要负责记住这些面孔，以便将来再次见到时能一眼认出。通过下面这则思维小测试，你就能知道自己的人脸辨识能力到底有多强。

由于我们不可能记下一生中见过的所有面孔，就让我们从小处着手吧。想象自己正在城市的一条街道上走着。沿途你将看见多少张脸？至少十几张。现在，想象自己在一家报刊亭前驻足，拿起一本杂志随意翻看。这时，你能在杂志上看见多少张脸？可能有 50 张？接下来，想象自己在一间电影院里坐下，在电影播映前环顾四周。你能看见多少张脸？至少 200 张。现在，想象自己在机场中疾行，你大约能看见 500 张脸。最后，想象自己正走在第五大道上，你又将看见 1 000 多张脸。而这只不过是我们人生中的一天。

现在，将上述一天所见的人脸总数乘以你一年内的忙碌天数。无论你住在哪里，短短几年间，你都将看见数百万张不同的脸。而这数百万张脸，都长着两只眼睛、一个鼻子和一张嘴。

现在，回想自己究竟有多少次真真正正地认错一个人。结果是，这种情况并不常见。“天哪！我真的以为你是我的朋友简！”我们说出这种话的次数或许屈指可数。再对比一下我们每天看见的人脸总数，就能衬托出我们的视觉记忆能力到底有多强。当我们与他人沟通时，应该善用这块经过千锤百炼臻于完善的潜能领域。也正因为如此，面孔才是我们与他人沟通时最应展示的东西。

人的面孔无处不在

任何事物到最后都可以归结为人的面孔。我们看云，云就形似人脸。我们看电源插座，电源插座就形似人脸。就连烤焦的面包片也可以酷似人脸。1994 年，美国佛罗里达州一位名叫戴安娜·迪瑟（Diana Duyser）的家庭主妇在自家的一块烤奶酪三明治上看出了圣母玛利亚的面孔，便将这块三明治放在盒子里密封起来。10 年后，她把这块三明治放在易贝网上拍卖，很快便找到了知音：一家在线博彩网站以 2.8 万美元的价格买下了这块三明治。

真正酷似人脸的是汽车。汽车制造商深谙此道，并因此利用我们的视觉化思维推销产品。《华盛顿邮报》如此评论道：“汽车制造商总是一再提及车的‘脸’——前照灯仿佛眼睛，散热器护栅就像嘴，保险杠则好比下颌。汽车设计师甚至断言，一款车型能否大热，可能最终取决于这款车给人的视觉效果。”

这套理论可以解释为什么当今的汽车看上去越来越“刻薄”。汽车制造商开展的市场营销研究结果显示，由于当今世界的交通拥堵状况日趋严重，我们愈加倾向于驾驶外形更加恐怖的车。这类车仿佛传递出一种信息：“欢迎来到我的快车道。现在，都给我让开。”

我们之所以下意识地做出购车决策，是因为一种被称为“幻想性视错觉”（Pareidolia）的心理现象：我们的视觉化思维不断地在截然不同的事物之间寻找关联。换言之，我们可以在任何事物中看出人的面孔。

换个角度想，我们有什么理由不这么做呢？大脑在辨识人脸上投入了如此多能量，自然难免随时随地运用人脸辨识能力，即使在与人脸无关的事物上。《美国科学院院报》（*Proceedings of the National Academy of Sciences*）近期发表的一项研究表明，即使让汽车专家观察车的正面造型，这些专家脑部与人脸辨识相关的同一区块仍会被激活。

至此，我们能够从中得出什么关键结论？要想和他人分享什么，就用“人”与“人脸”来激发他人兴趣。一个形似人脸的事物，一定能吸引人的注意。

欢迎来到“呼呼镇”[①]

以下是 5 种简单的图像化方法，能够帮我们在演讲、报告和授课中加进“人”的元素。

---

① “呼呼镇”（Whoville）是美国动画片《霍顿听见呼呼声》（*Horton Hears a Who!*）中的虚拟小镇。“呼呼镇”位于一粒灰尘上。小象霍顿听见镇上传来“呼呼”（音同英文“谁！谁！”之意）声，由此展开一段帮助小镇重返宁静的探险之旅。

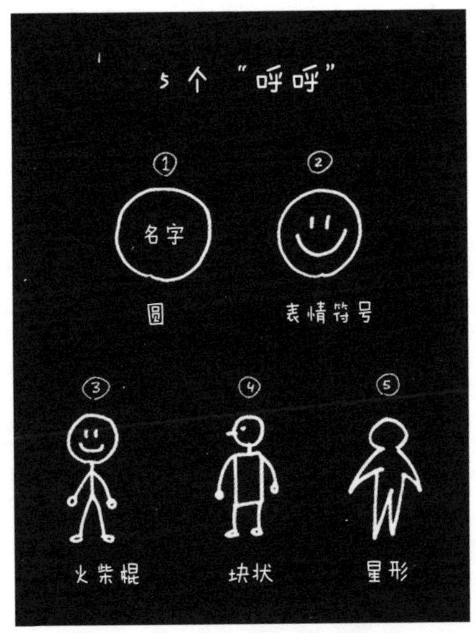

1. 先画一个圆，再给它取个名字。这种为虚拟人物命名的方法既快又有效。

2. 画一个表情符号，可以是一张笑脸，也可以是一张眉头紧蹙的脸。只需多练习几次，你就能借此迅速地表达几乎任何感情。

3. 用几根“火柴棍”粗略地构造出一个小人儿的形象（这可是我的最爱，稍后我们细讲）。

4. 画一个稍细致一些的“块状”人形。这个更难画，但非常适用于表现动作。

5. 画一个粗略的“星形”。这种超级高效的方法尤其适合在需要快速画出许多人的情况下使用。

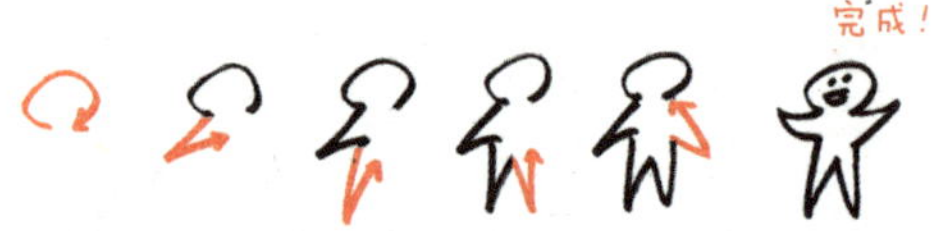

画出火柴棍小人儿的正确方法

画“人形”不能想当然。孩提时的我们手持蜡笔，画一根根“火柴棍”代替人的四肢，而且把小人儿的头画得比实际要大得多。受内在认知能力的驱动，这恰好反映了我们大脑观察事物的方式。

婴儿时期，人类大脑指示眼睛看的第一个东西便是脸。这张脸不是别人的，正是母亲的脸。襁褓中的婴儿是如此无助，以至于他完全依靠谁的照料，目光就只投向谁。幸运的婴儿抬头看见的正是母亲，她那带有保护性意味的脸庞占据了婴儿视野的全部。

这就难怪我们小时候都以为人脸很大，也因此偏爱头大的人。即使长大成人，我们依然如此。

问：你为什么会雇用凡娜·怀特（Vanna White，好莱坞明星）?

答：因为她头大。

好莱坞历史上许多伟大的明星，比如琼·克劳馥（Joan Crawford）、贝蒂·戴维斯（Bette Davis），甚至包括玛丽莲·梦露（Marilyn Monroe），都长着一个和身体比例不相称的大头。但不知为何，通过塑造突出的人物性格，镜头成功地掩饰了这种差异，使他们在荧幕上更具魅力。

——梅夫·格里芬（Merv Griffin），美国知名电视制作人

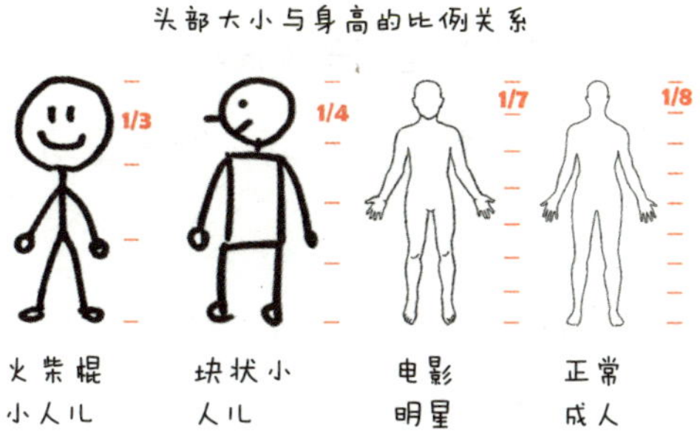

头部大小与身高的比例关系

火柴棍小人儿	块状小人儿	电影明星	正常成人
1/3	1/4	1/7	1/8

画火柴棍小人儿时，不必苛求精确的人体比例。通过分析数千个比例怪异的火柴棍小人儿，并将它们与那些“比例正常”的小人儿比较后，我大致得出一个结论：理想的图像人体比例应遵循“1/3”原则：

头部=身高的 1/3

躯干=身高的 1/3

腿长=身高的 1/3

一看到根据以上公式画出的火柴棍小人儿，观众就会不由自主地想“正常人就该是这样”，并随之专注于小人儿代表的意义。但若是小人儿的头太小或腿太长，观众就会认为这个小人儿画得非常差劲，进而将注意力放到纠错上。

因此，请你拿起笔来，按照以下步骤跟我一起画下理想比例的火柴棍小人儿：

1. 先画一个圆，作为小人儿的头部（请回想第三章的内容）。

2. 向下画一条与头部等高的直线。

3. 加上两条腿，每条腿与躯干等长。

4. 画两条胳膊，依然与腿等长（别忘了给脖子留出一点空间）。

5. 加上两只眼睛与一张嘴（千万别给小人儿加上鼻子！因为鼻子不仅难画，而且容易分散观众的注意力）。

6. 最后，画几个小圆圈作为手脚。完美小人儿画好了！

掌握了这个公式，再加上一点儿练习，你就会发现自己能够创作几十种不同的人形，用它们做成百上千件事，而你需要做的只是改变小人儿躯干和四肢的角度。当你真的感觉可以冒险再进一步时，不妨试着弯曲一下小人儿的胳膊和腿。

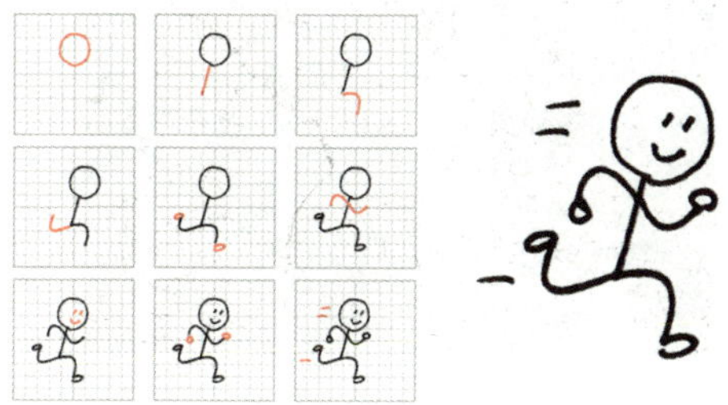

使一切人性化

“人性化”一词看似花哨，却概括了本章的全部内容：如果你希望引起他人对某事物的注意，只需使该事物变得“人性化”。“人性化”的方法有两种：一种是“添上一张脸”，另一种是“采用人形”。

1. 以人为核心阐述某个想法，相当于为这个想法添上了一张脸。

下次，当你需要对某个概念进行解释时，别再使这个概念听上去像个无脸的黑箱了。黑箱般的概念乍听之下唬人，却终将给人留下“没有特点”的印象，因而无法长时间吸引他人的注意力。相反，我们应当在短时间内让观众知道，这件事到底牵涉哪些人。

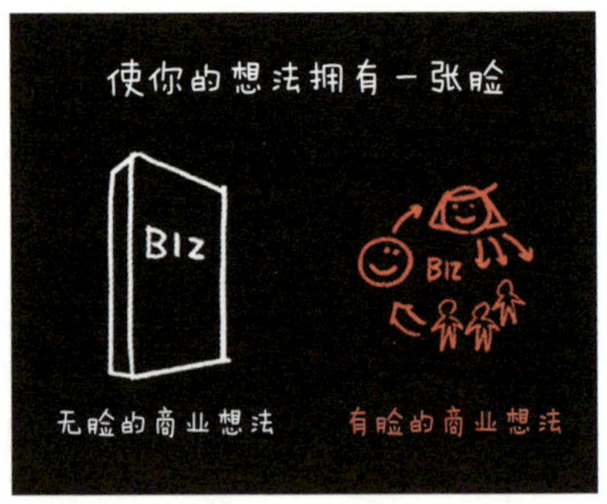

纳税者＝税务领域玩家

最近，一家大型会计师事务所邀请我协助整顿它们的税务部门。该公司税务部门的员工在计算税额、撰写报告和代表客户缴税方面能力出众。但随着国际税务监管措施与会计标准持续变革，税务部门员工仅具备专业能力已经远远不够。在这个日新月异的世界里，一家会计师事务所能否从同类机构中脱颖而出，取决于其能否提供出色的税务规划和缴税策略。尽管这家公司拥有出色的专业服务能力，其税务部门的销售业绩却始终低迷。这并非因为员工没有目标，而是因为他们从未将自身目标以图像的形式呈现出来。于是，我的团队帮他们完成了这件事，并且在此过程中始终将人置于核心。

首先，我们画了一系列简单的画像，代表公司税务领域的主要相关方：公司高管、监管机构、投资者，当然还有这家公司的税务部门。

公司税务相关方

接着，我们抛出了一个问题：“这些人每天都在做什么？”为了做出解答，我们画了一幅“税务”流程图。这幅图展示了公司税务服务的核心元素及流程，这些元素及流程由技术和测算方法进行支撑。

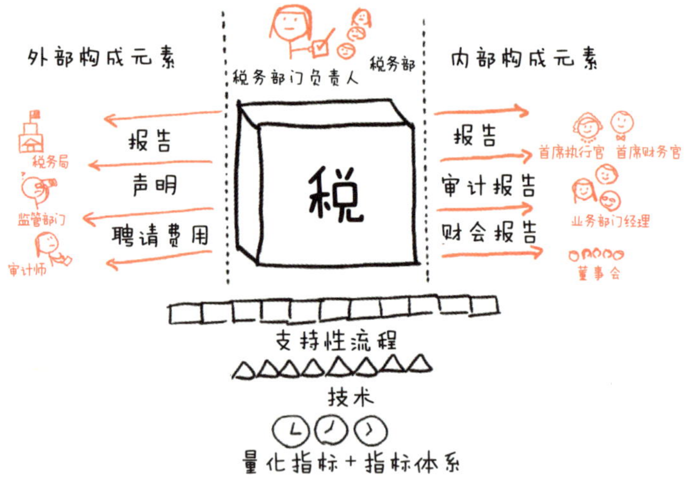

有了这幅图，这家公司的税务部门及其客户就能够看清各自所处的位置，整条销售链也变得不言自明。

2. 用人性化方式展示数据，能使数据活起来。

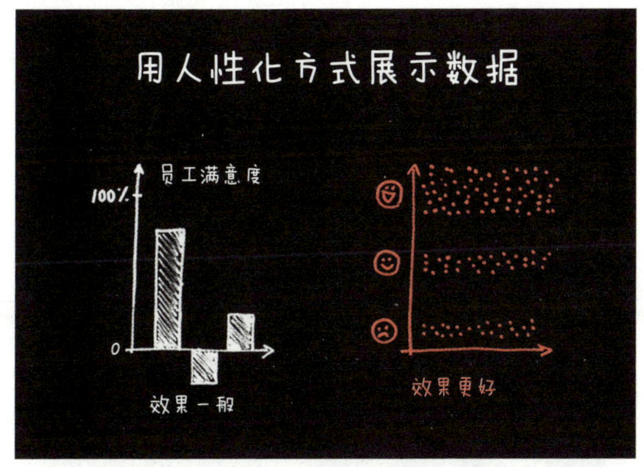

传统柱状图给人冷冰冰的感觉。“我们谈的可是正事。”有些人喜欢摆出这种说辞，“正事不需要什么人性化，商务人士想要的只是商业洞察。”这可真是天大的谎言。数据是有生命的，当它们被抽象成一个个柱状图时，就迅速地丧失了自身意义。为了配合“只谈商业，所以不必人性化”之类的说辞，你大可剥夺数据的生命力，但在我看来，好的商业活动似乎总是人性化的。

更糟糕的是，若将柱状图作为呈现数据的唯一手段，将使一切数据看似雷同。用不了多久，这些数据都将被人遗忘。金钱、时间、人物、关注点和增长态势，这些最常用柱状图来表示的数据，虽然含义天差地别，却各有趣味，汇聚在一起更是引人入胜。为了帮助人们领略数据之美，我们应当以人性化的方式展现数据。

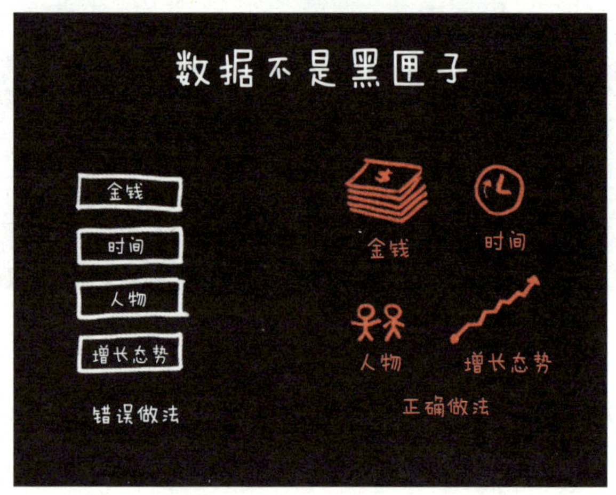

图画的历史有多久远

在筹备本书的过程中，我特意研究了人类绘画史。最近，研究者对法国南部肖维岩洞（Chauvet Cave）中发现的有机颜料进行碳年代测定，结果发现早在 32 000 年前，人类就已开始绘画。“32 000 年，”我喃喃自语，“感觉真的好久远。”但 32 000 年前的人类祖先究竟距离我们有多远？要想理解一个数字，唯一的方法就是用可视化的方法将该数字展示出来。为此，我决定画一张图。只不过，我这张图展示的并非年份，而是人。

为了帮助自己从视觉上理解 32 000 年这一时间概念，我假设从父母到子女之间的一代人在年纪上相差 25 岁（从人类史上看，这一数字或许更接近 15 到 20 年，但此处定为 25 年不仅更方便计算，而且对最终结果影响不大）。

接下来，我画了一个火柴棍小人儿，代表整整一代人。

= 一代人 =25 年

有了火柴棍小人儿，我们就能从现代倒推，一直追溯到人类有记载以来的大约 5 000 年前。

就这么简单。自古埃及人创作出人类历史上第一幅图文并茂的艺术作品至今，中间仅隔了 200 代人。眼前这幅图令我震惊不已。我一直以为历史是一条漫漫长河，却在这一刻知晓了真相：人类历史其实很短暂。

当你赋予数据、想法和概念以“人的面孔”时，它们就活了起来，也因此成了人人都想看的东西。

人类历史很短暂

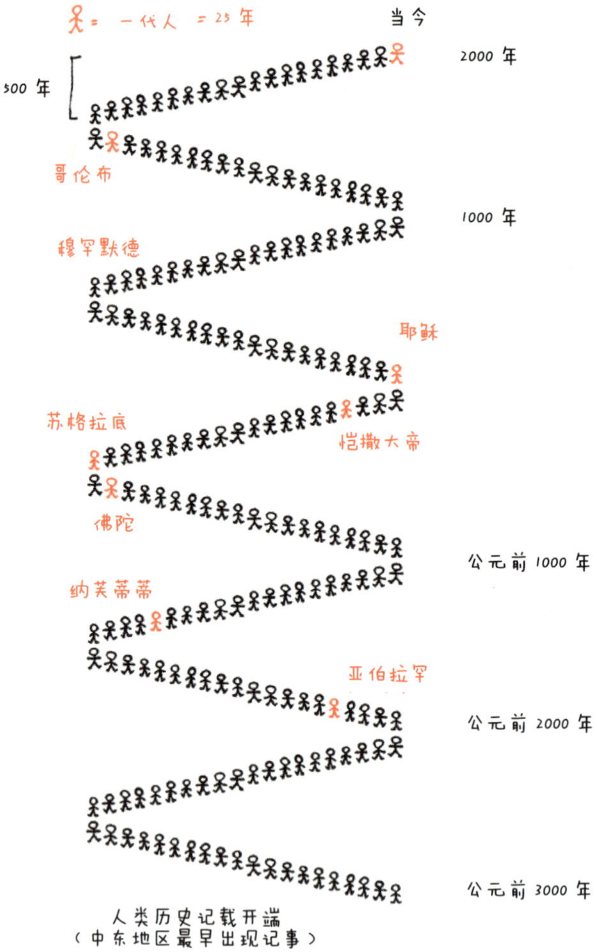

= 一代人 =25 年

当今

2000 年

500 年

哥伦布

1000 年

穆罕默德

耶稣

苏格拉底

恺撒大帝

佛陀

公元前 1000 年

纳芙蒂蒂

亚伯拉罕

公元前 2000 年

公元前 3000 年

人类历史记载开端
（中东地区最早出现记事）

本章要点小结

※每个人最感兴趣的莫过于其他人。

※在图表上添加简单的表情符号和火柴棍小人儿，能帮我们把数据变活。

※想法一旦具备人性化元素，就能极大地吸引观众注意力，并激发他们想要了解更多的渴望。

关键结论：要想牢牢抓住别人的注意力，请向他们展示“人”。

[第六章]

领导之道：将目的地描绘出来

CHAPTER SIX

目标并非总是能实现的，有时它仅仅提供了一种为之努力的冲劲。

——李小龙

“人物”之后是“原因”

我们此前一直讨论的是画“谁”的问题。赋予想法或概念人性化因素，纵然可以吸引观众的注意力，但如果人们看不清你要去哪里，便不会长期追随你。因此，倘若你想成为一名领导者，必须画下自己的目标。这个目标回答的正是“为何”的重要课题。在你即将带领他人走过的一段旅程中，它标志着终点。

要想有效地画下自己的目标，我们首先得明确目的地在哪里。之后，我们得找到一种可视化方法呈现这个目的地。因此，接下来我将向大家介绍如何画一幅愿景图。

至今仍熠熠生辉的两个愿景

美国前总统约翰 · F. 肯尼迪（John F. Kennedy）曾向美国民众描绘过一幅无比清晰的愿景，在这方面美国历任总统至今无人能出其右。演讲时，肯尼迪做了一个仰望天空的动作。“我们决定登

约翰·F. 肯尼迪

上月球，”他说，“未来 10 年内，我们之所以要从事包括登月在内的一系列伟大事业，正是因为它们都无比艰难。”肯尼迪的这份声明看似简单，却使美国人民清晰地看到了总统的愿景。美国人的目的地在哪里？月球。美国人即将踏上一段怎样的旅程？克服一切必要挑战，最终到达目的地。为什么美国人要做这件事？答案是：无论成败，美国人都会因为这项事业而变得更好。

马丁·路德·金

当马丁·路德·金（Martin Luther King Jr.）振臂高呼“我有一个梦想”时，面对着聚集在华盛顿的25万听众，他在演讲的开端提醒人们，有人曾在100年前对美国奴隶许下一项承诺。他将林肯总统颁布的《解放黑人奴隶宣言》（*Emancipation Proclamation*）比作“奴隶制长夜终结后的黎明曙光”。接着，他提醒美国人民，尽管黑夜仍在继续，他始终憧憬着即将到来的黎明。在这段演讲中，马丁·路德·金指出的目的地在哪里？一个即将迎来曙光的美国。美国人即将踏上一段怎样的旅程？一段携手并进的旅程。为什么美国人要做这件事？为了打赢这场种族主义的战争。

自此之后的50年间，无数美国政治家和思想家发表过的演讲数不胜数。为什么只有这两段演讲使人印象深刻并被广为传颂？原因在于，两者都使伟大的愿景为人们所见。无论是登月还是“在自由到来的那一天，上帝的儿女们将以新的含义高唱这支歌”，目的地都清晰可见。对于领导者和追随者而言，愿景至关重要。

《哈佛商业评论》近期花大幅版面刊登了一项研究。该研究揭示了这样一个事实：历任美国总统中，凡擅于在演说中用语言向民众描绘愿景的，都被视为更有个人魅力。“这项发现给我们的启示是，一名领袖的演说能否成功建立愿景，可能取决于其能否向追随者口头描绘出这幅愿景。这幅愿景告诉追随者，在他们的协助下，（重点是这名领导者）能做出一番怎样伟大的事业。”

现在，让我们试着用图来画出愿景。

用文字陈述的愿景都是谎言

每位领导者在一定时刻都会被要求公开陈述自己的愿景。这份陈述通常是一段简短的口头表述，内容有关其所在组织的使命、目标和传递的价值。这些东西都很好，但请停下来想想：用来展示愿景的难道不该是一张图吗？否则，为什么还会有那么多人认为，用文字描述的愿景是“冗长又艰涩难懂的行话，不仅无人相信、无人记住，且无人在意”。但现实中，多数领导者的确仅以文字表述愿景。不妨回想一下，你最近一次看到某个组织的愿景陈述时，激动得想立刻放下手边的一切事务追随而去，是什么时候？

用文字陈述的愿景之所以失败，主要有两方面原因：第一，这些愿景陈述一般不提可以到达的目的地，也不提可被实现的目标；第二，这些愿景陈述急切地想说明某个组织代表的方方面面，却因此通常导致内容空洞。

愿景陈述应当说明目的地和目标。当然，它在本质上也必须是一则短小精悍的故事，牢牢吸引着读者包括眼、耳、思维和心在内的一切感官。因此，早在 2 000 年前，亚里士多德就发现了一个简单的方法：一则故事要想使听众兴致盎然，必须在其中树立一个英雄的形象，这位英雄必须被卷入冲突事件，而且仅一个冲突事件即可。试图解决 6 个冲突事件的英雄，很难拥有忠实的追随者。

领导者必冒险前进

从我的祖父到我的父亲，现在这项使命终于落到了我的肩上。孤山王国的矮人有一天能重新夺回家园，这个梦想从未在我的祖辈中间断过。因此，我别无选择，巴林。

——索林·橡木盾（Thorin Oakenshield），《霍比特人：意外之旅》

作为一名领导者，你将始终处于冒险前进的过程中。为了带领团队达成某项目标，在千般繁重的任务之中，最重要的莫过于向你的团队成员描绘你的目的地。如果你是一支篮球队的教练，你的目的地就是赢得比赛，或至少输得光荣。如果你是一个公司的首席执行官，你的目的地就是在使顾客满意的同时，为公司创造利润。如果你在一场官司中担任首席律师，你的目的地就是帮助辩护人获得有利的判决。如果你是一支科研团队的负责人，你的目的地就是在预算允许的条件下，尽可能及时地得到最佳科研成果。

每位领导者都肩负着这样一个冒险前进的任务。通常情况下，这种任务不只一个，而且会同时进行。为了步步为营，你必须看清自己的目的地，再向团队成员展示这个目的地。这可不像在街区里闲逛那样轻松，它需要你持续自我追问，你的愿景到底是什么。

每次探险都从英雄开始

每次探险都围绕着一个英雄展开。这个英雄（或英雄组织）致力于改善自己或他人的生活。作为一名领导者，英雄可以是你自己，可以是你的团队，可以是你的品牌，也可以是你所在的公司，甚至还可以是你的顾客。

英雄

每次探险的核心都是渴望使某人变得更快乐、更成功，或拥有更圆满的人生。当你参透自己希望使谁的生活变得更美好时，就找到了心目中的英雄。

七大经典探险征程

所有定量研究结果均显示，《星球大战》《指环王》《哈利·波特》和《复仇者联盟》是娱乐产业史上最成功的系列电影。它们之所以在电影史上长盛不衰，不仅因为其主创人员在人物塑造、电影布景和情节设定上经验丰富，更因为他们谨记故事叙述的三大关键原则：第一，人人都爱成为探险征程的一部分；第二，真正伟大的探险征程少之又少；第三，前两条原则永不会错。

无论你所在的公司、组织或团队从事何种日常工作，真正的愿景——你心中的目的地，很难逃出七大经典探险征程的范畴。确定自已踏上的是哪类探险征程，有助于你找到自己的愿景。

问问自己，你追求的是什么？

1. 穿越千山万水回家

2. 竭尽全力拔得头筹

3. 一雪前耻

4. 屠龙

5. 洗心革面成为更好的人

6. 勇攀高峰

7. 寻找真爱

作为经典故事原型的核心，这七大探险征程一而再、再而三地贯穿于我们喜闻乐见的故事之中。显然，它们都是隐喻，毕竟多数人的现实生活中没有反派首级需要取下，没有那么多高峰需要攀登，而且真爱似乎也变得越来越难找。但即便如此，这一切都无法阻挡我们大脑中最原始的区域对这些探险征程的渴望。

七大经典探险征程

身为领导者，你得找到与自身目标最相近的那一类探险征程，并以此为标杆，确立真正的愿景陈述。之后，你还需要创造一个指明道路的象征符号。

只有当人能够察看自己的内心深处时，视野才会变得清晰起来。向外看的人只是白日做梦，向内看的人却时刻保持清醒。

——卡尔·荣格（Carl Jung），著名精神分析学家

你的工作？创造自己的任务徽章

想想那些目标一致的团队：一支冲击“超级碗”冠军的橄榄球队，第一次执行火星任务的宇航员们，抢滩登陆的海军陆战队，向你出售薄荷巧克力的女童子军，等等。除了一个共同的目标和引领他们达成该目标的领导者之外，这些团队还有什么其他共同点吗？答案是肯定的，他们都有一枚属于自己的任务徽章。

创造属于你的任务徽章

任务徽章就是将你想到达的目的地用可视化方法呈现的结果。

它是一张如此简单的图，以至于人们只要瞥上一眼，甚至在电光火石间，就能记起自己想到达的地方。它好比一张不会说话的地图，指明方向和目的地。它也好比一枚无言的标志，完美地传递着你的思想、信念或品牌理念。任务徽章就是放在你口袋里的幸运符，供你在迷失方向时随时查看。它也是你的护身符，令你感觉仿佛从未远离故乡。

《财富》杂志将以下商标代表的品牌评为2016年度全球最炙手可热的12大品牌，分别为苹果、微软、谷歌、可口可乐、IBM、麦当劳、三星、丰田、通用电气、脸谱网、迪士尼、美国电话电报公司。让我们暂且把愿景陈述、首席执行官演说和企业年报放在一边，转而想想这些任务徽章对你而言意味着什么？请盯着它们看一小会儿，并感受自己有何反应。看着它们，你就会有某种感受对吧？即使一时无法找到合适的词汇加以描述，但你就是知道这些品牌标志的意义。这些品牌标志传达的正是愿景，是你需要的东西。现在，让我们一起出发，去找寻你的愿景吧。

清晰是关键

清晰是最重要的。在我看来，清晰就像是悉心修剪花园里的草木……不清不楚的事物是成不了气候的。

——黛安·冯·芙丝汀宝（Diane von Furstenberg），美国著名时装设计师

要想创造属于自己团队的任务徽章，你只需要两样东西：第一，一个清晰的目的地；第二，一张用来呈现目的地的图。有两条途径可以使事物变得清晰：一条是找到你的热情所在，另一条是确定你的商业目标。倘若你足够幸运，这两条途径可以合二为一。

由于寻找愿景的方法数不胜数，建立一条导轨将为你指点迷津。根据以往协助商业领袖寻找愿景的个人经验，我总喜欢援引

愿景清晰度对比表		
有远见的领导者	黛安·索耶	杰克·韦尔奇
建立清晰愿景的路径	先有热情，再有商业	商业先行，热情在后
名言	“追寻热情的真正所在，它会引导你到达目的地。”	“好的商业领袖创造愿景，清晰描绘愿景，热情地维护愿景，并不知疲倦地追逐愿景。”
任务徽章		
驱动因素	热爱生活，事业自有所成。	热爱工作，生活自有办法。
路径	关注自身擅长的事并享受其中。发挥自身优势，发展路径自然会变得清晰。	关注自身所在公司、商业竞争对手及顾客擅长或不擅长的事。发挥自身优势并弥补短板，发展路径自然会变得清晰。接下来要做的就是永不停息地致力于做得更好。
领导力	当人们看见你对某事物投入真正的热情，就会争先恐后地追随你的事业。	当人们看见你对通往成功的路径异常清晰时，就会争先恐后地追随你的事业。

杰克和黛安的故事。他们都是美国的商业领袖，在我关注媒体沟通领域的头些年里，他们开始声名鹊起。黛安是美国广播公司的老牌新闻评论员黛安 · 索耶（Diane Sawyer），杰克指的是曾长期担任通用电气首席执行官的杰克 · 韦尔奇（Jack Welch）。

杰克和黛安都在事业上相当成功，而且在个人生活的大多数方面也相当成功。然而，当谈及自身成功时，他们使用的方式却几乎处于两极。黛安说自己的成功归结于“先有热情，再有商业”，而杰克却表示“商业先行，热情在后”。通过对两人进行比较，能为你寻找自身路径带来不少启发。

采用任何方法皆可，但请记住：你的探险征程独一无二

在你努力使愿景清晰化的过程中，黛安和杰克的方法各有所长，都能使你从中获得启发。但请记住，尽管你的探险征程与他人的探险征程可能属于同一大类，但你踏上的路将是独一无二的。

现在，找到你的愿景图……

为了找到你的愿景图，让我们回到七大经典探险征程，以此作为我们的起点。它们寓意丰富、历史悠久、发人深省，为我们

提供可深度借鉴的先例，最终使我们得以用视觉化的方式呈现目的地。

回家。回家的路就是你回到应许之地的归途。在诸多探险征程中，以这类探险最为经典。无论是夺回矮人山（电影《霍比特人》），战后远渡回家（电影《奥德赛》），还是跨越千难万险回到亲友身边（电影《火星救援》），所有人都能体会到回家的力量。

这就是为什么Motel 6连锁酒店将自身宣传语定为：“我们会为出门在外的您始终留一盏灯”。

一名领导者若心怀“回家式”愿景，这个愿景可能是这样的：

- 重新夺回应有的市场份额（例：重新受史蒂夫·乔布斯领导的苹果公司）。
- 帮助顾客与家人团聚（例：红十字会）。

得胜。同样作为经典探险征程之一，“得胜”可以具备不同的形式，如赢得一场比赛（电影《奔腾年代》《环游世界 80 天》），或迎难而上成为更强、更好的自己（电影《雷神》《查理和巧克力工厂》）。无论奖品或困难最终为何，真正的比赛只发生在我们和自己之间。

这就是为什么耐克公司将自身宣传语定为：“放胆做”。

一名领导者若心怀“得胜式”愿景，这个愿景可能是这样的：

- 为顾客提供世界上最好的服务（例：美国最大网上鞋城 Zappos）。
- 在每个涉足领域击败所有竞争对手（例：通用电气）。

复仇。复仇本身可能并不美好，但对陷害你的人以牙还牙无疑是一件大快人心的事（参见小说《基督山伯爵》）。伸张正义的

复仇者化愤怒为力量，由此踏上的探险征程并不逊于人们发自善念而为之的事迹（参见小说《哈姆雷特》）。尽管复仇是最阴暗的探险动机之一，却也毋庸置疑能够激发出强劲动力。

正因如此，凯莉·安德伍德（Carrie Underwood）才会在歌中唱道："我用钥匙打开他那辆可爱的四轮驱动。"[①]

一名领导者若心怀"复仇式"愿景，这个愿景可能是这样的：

- 干掉之前击败你的团队（例：纽约扬基队和波士顿红袜队的百年世仇）。
- 赢得终局胜利（例：雪佛兰Silverado车型一直渴望击败福特F-150车型）。
- 通过竞争获得自我提升（例：百事与可口可乐）。

① 出自歌曲《在他欺骗我之前》（*Before He Cheats*），歌词大意讲的是一个被背叛的女人报复爱人的故事。

屠龙。早在贝奥武夫（Beowulf）取下怪兽格伦德尔（Grendel）首级的1 500年前，“屠龙”曾是英雄冒险中最重要的目的之一。无论对手是一条真正的龙（出自电影《霍比特人》），抑或“死星”（出自电影《星球大战》），还是人类的心魔（出自电影《美丽心灵》），最激动人心的莫过于在被野兽吃掉前先杀掉野兽。

这就是雅芳公司竭尽全力抗击乳腺癌的原因。

一名领导者若心怀“屠龙式”愿景，这个愿景可能是这样的：

- 摧毁人们受教育的局限（例：可汗学院）。
- 让软件死无葬身之地（例：Salesforce公司）。

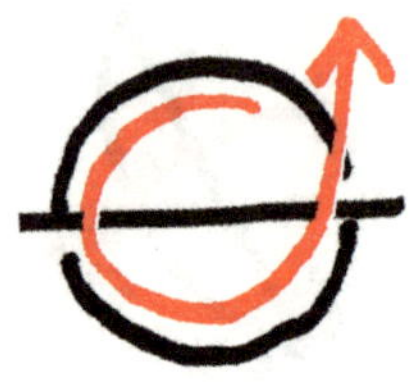

重生。在所有类型的探险征程中，重生可谓是最深刻、最触及人性的一种，因为它意味着放下得失心，使人的精神凝聚而变得更强大［如电影《星球大战》中的“绝地武士”欧比旺·克诺比（Obi-wan Kenobi）］。这是终极版的“英雄之路”，甘于牺牲舒适生活的英雄，在隐忍痛苦的过程中修炼成更好的人（如电影《阿凡达》）。

这就是霍华德·舒尔茨（Howard Schultz）为了重整全球业务，不惜在 2008 年让美国本土 7 100 家星巴克门店暂停营业的原因。

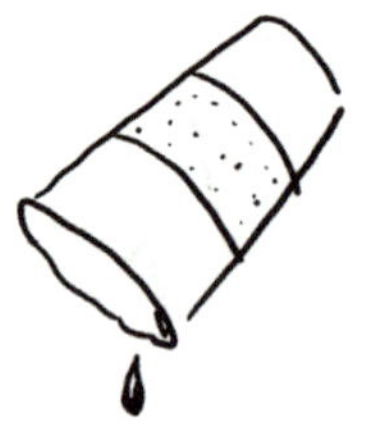

一名领导者若心怀“重生式”愿景，这个愿景可能是这样的：

◎ 卧薪尝胆 47 年，静待重整旗鼓的那一刻（例：美国《名利场》杂志）。

缩减所有运营业务，静心反思与重整，最后带着复仇的目的卷土重来（例：乐高公司）。

登山。冠军被鲜花和掌声环绕，但挑战险峰的人不是。等待他们的不是奖牌，而是严寒和孤寂。登山时，全世界仿佛只剩下登山者、山和空气。尽管前途未卜，登山者依然勇攀高峰（参见电影《一切尽失》《127 小时》）。为了名利而登山的人，注定一败涂地（参见电影《进入空气稀薄地带》）。登山不是为了金钱，而是因为山就矗立在那里。登山的过程，就是人格磨炼、人性升华的过程。

这就是美国漫威公司 50 年来一直出版同类故事的原因。持续磨砺的过程，将漫威锻造成为近几十年来最成功的电影出品方。

一名领导者若心怀“登山式”愿景，这个愿景可能是这样的：

- 在一个无人看好的商业领域日积月累，不断精进（例：即便被西联电报公司否定了对电话的设计构想，贝尔仍然执着于电话发明）。
- 坚持“痴人说梦”，最终成功向世人展示你的梦想有多伟大（例：美国冰淇淋品牌BEN & JERRY'S）。

寻爱。最后一类探险征程关乎内心，指的是在这个充斥着欺骗、愤恨与危险的世界里寻找真爱（参见电影《罗密欧与朱丽叶》《暮光之城》）。正当生活仿佛陷入绝望之境时，你找到了生命中的另一半，人生也因此突然变得圆满（参见电影《初恋50次》或其他任何一部浪漫爱情喜剧电影）。即使你最终被迫选择放弃，追求真爱的过程也总是让人甘愿为之肝脑涂地（参见电影《卡萨布兰卡》）。

正因如此，迪士尼公司买下皮克斯动画工作室，两者堪称美国好莱坞电影圈中天造地设的一对。

一名领导者若心怀“寻爱式”愿景，这个愿景可能是这样的：

- 因为深爱，所以生产某产品（例：伯顿滑雪板制造公司）。
- 帮你的英雄顾客们牵线搭桥（例：手机交友软件 Tinder）。

混合搭配

这七大探险征程涵盖了人类探险征程的绝大部分。它们发端于人类内心深处对避风港、食物、安全和陪伴的渴求，而这些渴求因为带上了探险的刺激而变得分外有吸引力。有了清晰可见的目的地，身为领导者的你已经蓄势待发。

地图帮你实现管理

每当我感到迷茫时，就会拿出一张地图凝视许久，直到我不得不提醒自己，生活就是一场盛大的探险，还有很多事物待我去完成和欣赏。

——安吉丽娜·朱莉（Angelina Jolie），美国好莱坞著名女星

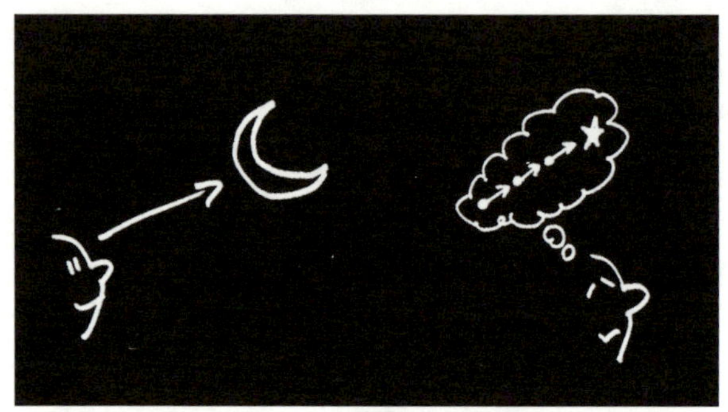

任务徽章一旦就绪，目的地就随之清晰，使你得以随时与他人分享自己的可视化愿景。当你的团队成员能够清晰地看到前进方向时，他们的第一反应会是："动身吧！"接着，他们会看着你，向你提出第一个问题："嗯……那我们怎样做才能到达目的地呢？"这时，就轮到地图派上用场了。

请避免将目的地与到达目的地的过程混为一谈，两者其实存在天壤之别。你的任务徽章展示的是目的地，但你还需要一张地图，用以展示到达目的地的步骤。

我们公司的软件开发过程

① 发现
② 概念设计
③ 开发
④ 测试
⑤ 部署

要想详细展示到达目的地的步骤，内容足够写成一本书（事实上，市面上关于“商业流程管理”的书籍多如牛毛）。然而，对我们而言至关重要的只有两点。第一点，绘制地图是一个可视化过程。若你想让人们看见他们应当采取的步骤，就得帮他们把步骤画下来。

作为一个可视化过程，绘制地图极有利于帮助你确定流程，向他人展示你对该流程的理解。先在左边画一个开端箭头，表示当前所在位置。接着，在最右边画下目的地。然后，写下中间的各个步骤，并用一系列箭头将步骤相连。步骤可多可少。倘若过程牵涉人员或项目众多，你可能需要画出若干平行的流程。但无论如何，只要找到当前境况与目的地之间的差距，我们就能知道需要采取哪些改进措施。

需要记住的第二点是，绘制地图只是管理层面的事务，并不涉及领导力。你当然需要一张地图来展示如何到达目的地，但作为一名领导者，你的首要任务是告诉别人为什么需要到达那个目的地。

规划你的未来，而且要落到笔头上。

——乔恩·邦·乔维（Jon Bon Jovi），美国著名摇滚乐手

本章要点小结

※ 作为领导者，你的首要任务是为他人提供愿景，因此需要将愿景描绘出来。

※ 当人们看到你希望他们做的事时，就会展示出更强烈的意愿（和能力）去达成你的要求。

※ 愿景的核心类型很有限。只要了解这些类型，仅凭寥寥几张图，你就能在他人身上激发出超强的行动力。

※ 明确目的地后，你还需要绘制一张展示如何到达目的地的“管理地图”。

关键结论：要想他人追随你，请先向他们展示你的目的地。

[第七章]

销售之道：让别人和你一起画图

CHAPTER SEVEN

尽管你可能并不从事销售工作，但如果你所在的商业领域需要你和人打交道，那么朋友，你实际上已经在做某种形式的销售了。

——金克拉（Zig Ziglar），美国知名演说家

销售之旅

为了追寻真正意义上的领导力愿景，你很可能将孤身上路。但销售不同，它是一段需要你和他人共同踏上的旅程。为什么你需要知道这一点？因为无论你的商业目标或个人愿景是什么，你都需要向别人推销。

销售是件大事

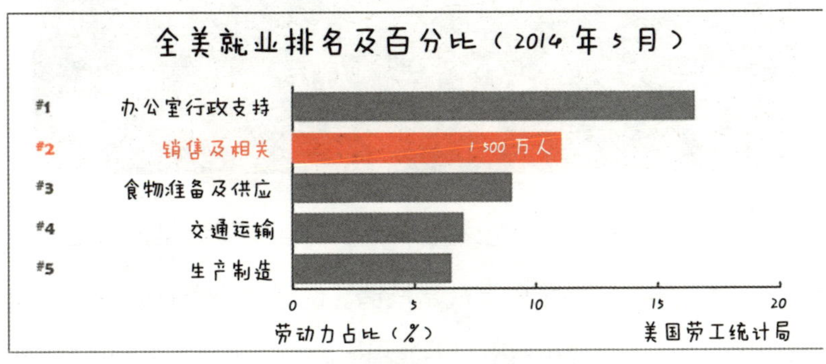

美国劳工统计局发布的数据显示，在美国，有 1 500 万人从

事“销售”，从业人数在所有职业类型中排名第二。但若用现实的眼光审视销售的含义，我们就会发现，推销员的数量远超过 1 500 万。实际上，每个人都在做销售。

没错。推销员可以是鞋店里衣着得体、帮你试鞋的男店员，可以是电话那头的房产中介，可以是向你展示最先进硬件的技术顾问，还可以是化妆品柜台后对你微笑的女导购。除此之外，当你试图说服自己的孩子吃西兰花时，当你的伴侣试图说服你少喝红酒、多去健身时，以及当你的同事主动向老板请求加薪时，你、你的伴侣和同事都是推销员。

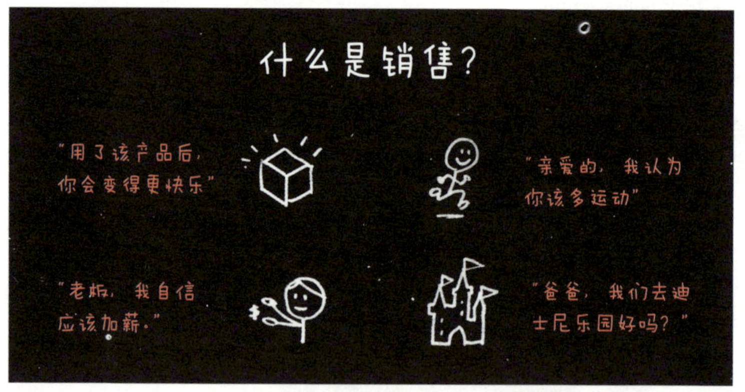

销售的概念虽广，却也易于界定：每当你想让某人做出一项新行动时，你的行为本质上就是推销。说服自己离开座位起身运动仅需要决心、自律和习惯。但要想说服他人离开座位起身运动，你需要的是推销。

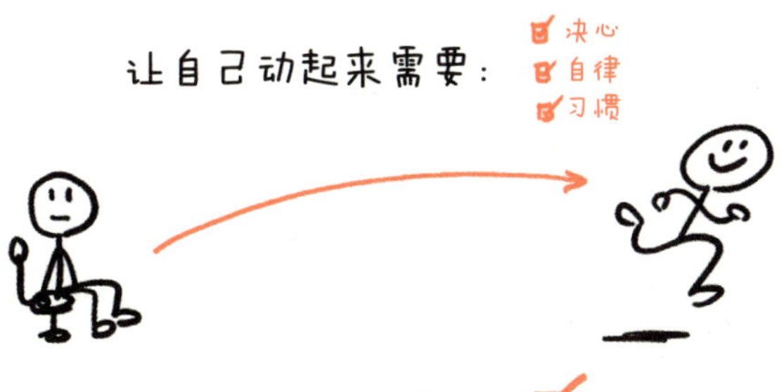

你的秘密武器

作为本书读者的你和其他没有阅读本书的人之间存在一项差别：你即将拥有一个秘密武器——可视化销售。掌握了这个秘密武器，你就是销售界的绝地武士。

大多数专职销售人员都或多或少地接受过销售技巧、谈判风

格、交易原则及咨询方法等方面的培训。这些培训内容虽好，却仅适用于专业人士。对于那些从未受过销售培训的人而言，他们手中握着一项最基础却也最为强力的销售工具：画图。

以人们思考的方式说话

如果你想说服别人做某事或购买某件东西，那么在我看来，你就该使用他们每天说的和思考的语言。

——大卫·奥格威（David Oglivy），英国“广告教父”、营销专家

尽管可能出乎你的意料，但和使用文字相比，多数人更常用图像进行思考。还记得我们在第四章中提到的脑部数据吗？因此，如果你想使用人类最常用的语言，那就选择图像吧。可视化销售仅意味着用前景吸引他人注意，并以此为契机，抓住他人的视觉化思维。

可视化销售法行之有效，一部分原因是该法不常用，另一部分原因是它不按常理出牌。但最真实的原因是，可视化销售能够激活人们的前瞻性视觉化思维，从而使人们看到他们大脑最想看到的东西：一张清晰展示想法的图，辅以尽可能少的文字。

当我在纽约供职于一家小型品牌战略咨询公司时，凡是我们在竞标中采用可视化销售法的项目，都无一例外地旗开得胜。即使我们并非规模最大、经验最丰富的竞标公司，但只要我们经过计划和研究，以一种新方法看待潜在客户面临的问题，就总能从众多竞争者中脱颖而出。我们曾拿下大型公司的重要项目，带领科研组织甚至其他咨询公司工作，这点常常令我们自己倍感惊奇。

McKinsey&Company

IBM

我们给这种方法冠以“找到百万美元生意画图法”的美称。而且只需稍加练习，谁都能使用该法。无论你的销售目标是 100 万、1 000 还是 100 美元，抑或只是让某人动起来，可视化销售法都能为你效劳。

图像可以带动产品销量

图像可以带动产品销量，这是一个不争的事实。广告中的詹妮弗·安妮斯顿（Jennifer Aniston）正在喝一瓶Smartwater矿泉水，你也不禁想喝上一瓶。一台法拉利跑车从你面前飞驰而过，你也渴望自己能拥有一台。一位仁兄戴着白色的苹果耳机在你眼前摇头晃脑，使你心痒得也想买一个iPod（苹果音乐播放器）。无论你是对詹妮弗·安妮斯顿或那位仁兄感兴趣，还是想成为詹妮弗·安妮斯顿或那位仁兄那样的人，都是行为的触发点。凡是被我们看见的有吸引力的东西，我们都想要。

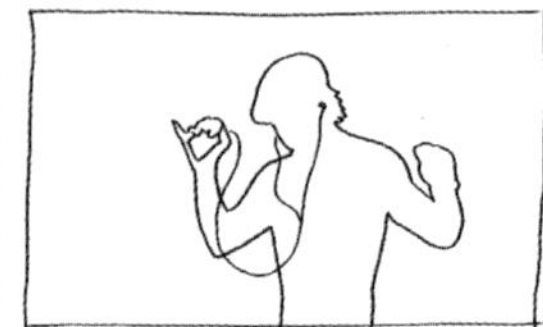

显然，图像是推销产品的利器。但要是用图像来推销一个想法，将会是怎样一种局面呢？正是在这时，可视化销售法应运而生。可视化销售法是一种思考方法，能帮助我们创造出兜售想法的正确图像。当你在潜在客户面前画下这个想法时，奇迹就出现了（实际上，你不需要画出整张图。这一点我们接下来很快会讲到）。

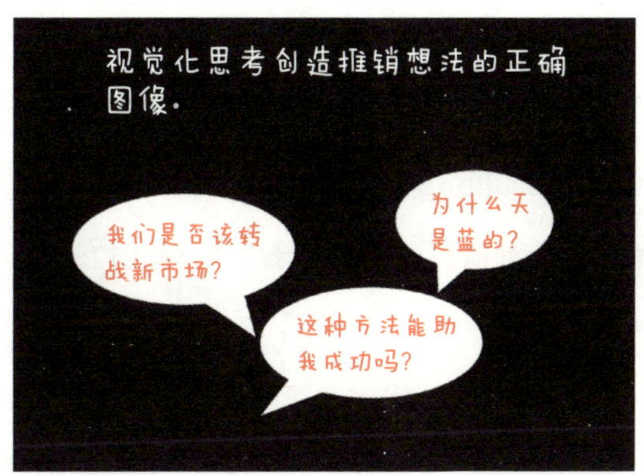

思维共鸣（上篇）

通过与潜在客户共同完成一幅可视化销售图，你将创造出的是一种独一无二的思维共鸣。与潜在客户共同画图，意味着先由你发起画图，再将笔交给潜在客户。换言之，在把你的想法画下来的同时，你也赢得了潜在客户的心。

这幅图是你和潜在客户创造出的共同愿景。但你把笔交给对方，并不代表你们的角色一模一样。你是一名演员，而你的潜在客户就像观众。画图前，你需要开展大量的研究与准备工作，并将画图过程排练得滚瓜烂熟。观众看见胸有成竹的你，自然也会有信心与你携手并进。

基本上，演员需要向全世界推销自己，对吧？这就和任何推销员的工作一样：如果你对自己的产品有信心，并了解自己的产品，那么你的业绩就会好得多。

——保罗·沃克（Paul Walker），美国演员、模特

尽管我把你的角色比作演员，并不意味着你就得虚情假意。相反，可视化销售的力量恰好在于，你几乎做不了假。因为你的台词和画图过程不仅真实，而且事先都经过排练，因而折射出你的信念。你不仅外表真诚，观众也能感受到你流露出的真切（另一项额外的好处是，这还会使你看上去积极主动，聪明得几乎让人难以置信）。

那么，你该画什么图呢？

我们之前已经介绍了各类图像：简笔火柴棍小人儿、复杂的圆形、入门地图、时间序列和因果流程图。根据你推销的产品及受众，任选上述一类图像，就可以成为你进行可视化销售的最佳起点。但在做决定之前，你还需要考虑一件事，它将成为你在可视化销售过程中的良师益友。

问：世界上最早出现的广告是什么？

答：“使用前”与“使用后”。

如果你的推销内容是想说服某人采取行动，那么最有效的方法莫过于向对方展示“行动前”和“行动后”的境况对比。这种方法最为简单、直接、可靠、直指人心，因为如果你和你的潜在客户能看到行动导致的结果，双方都极有可能相信这种做法是可行的。

行动前 & 行动后

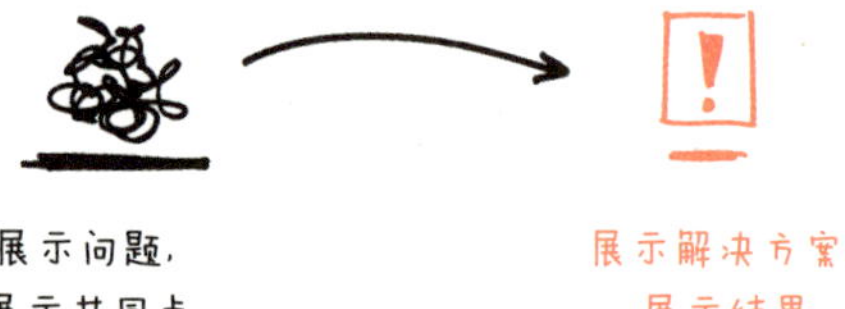

在可视化销售中，这种经典的“前后对比法”相当奏效。首先，你画一张简图总结问题所在，并展示你和潜在客户之间存在的共同利益点。接下来，你换另一张图展示结果，即问题解决后事物将呈现何种面貌。当然，虽然你展示的做法未必能成功，但有一点是不容置疑的：如果连“行动后”的状态都看不见的话，我们将永远也到达不了那种状态。在每一次可视化销售过程中，画下期望达成的状态，相当于你同时向自己和潜在客户指明了奋斗的方向。

画下渴望达成的状态： “前后对比法”基本模板	
可视化改变	**“前”：有待解决的问题** **“后”：使用你建议的方法后**
弯曲直线	
前：这条直线呈下行趋势。销售额自去年起就开始一路下滑。顾客正在流失。	**后：**让我们使直线重新上扬，重振销售额，不仅找回流失的老顾客，还要赢得许多新顾客！

（续表）

可视化改变	**“前”：有待解决的问题** **“后”：使用你建议的方法后**
达成数目  **前：**销售量虽然节节攀升，但仍有上升空间。或许我们忽视了一块潜在市场。或许我们的期望值可以设得更高。	 **后：**让我们把预期销售额设得更高，在高目标的驱使下变得更有雄心壮志。让我们奋力一搏，看看自己能走多远。
建立关联  **前：**情况一团糟。各个环节形同散沙，不知怎样才能协同工作。	 **后：**让我们使各环节各就各位，勾勒出运营模式，使事物整体好比一台运行流畅的机器。
消除步骤 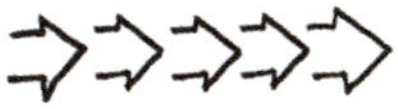 **前：**这是以往的办事方法，是我们的标准操作程序。正因如此，我们的办事效率低下。	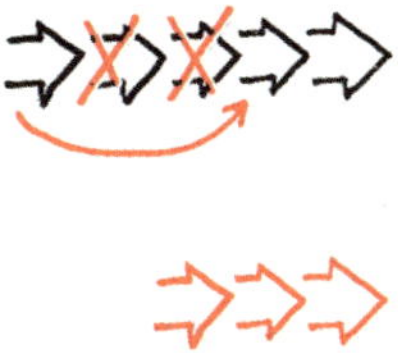 **后：**让我们看看能否削减或越过一两个中间步骤。如果我们重新调整步骤顺序，或许能提升办事效率。

（续表）

可视化改变	“前”：有待解决的问题 “后”：使用你建议的方法后
事件聚焦 **前：**由于分不清且不知如何分清轻重缓急，我们疲于应对突发事件，注意力分散。什么才是我们应该关注的呢？	**后：**请注意这个局外事件。它或许乍看之下微不足道，却可能是一直被我们忽略的关键事件。

多数情况下，以上这些简单易画的“前”、“后”对比图构成了可视化销售的主心骨。再看看上表中的图，还认得出它们吗？它们正是我们在第三章中介绍的趋势图、象限图和时间轴。

没错，这些简图就是受我们的可视化系统激发形成的基本构图：一张对比销售额前后差异的趋势图，一张对比销售额影响因素相互作用的象限图，以及一个有关销售步骤顺序前后调整的时间轴。

建立自己的图像库

并非所有销售行为都千篇一律。向首席信息官推介公司级网络安全保障系统，不同于说服自己的另一半在年度最冷的周末外出滑雪，也不同于下次逛超市时让你来选择我最喜欢的辣酱。不过，图像在任何场合都能派上用场。因此，你需要建立包括各类图像的图像库。它随手可查，以备你应对各类销售挑战。

1. 销售一项结果

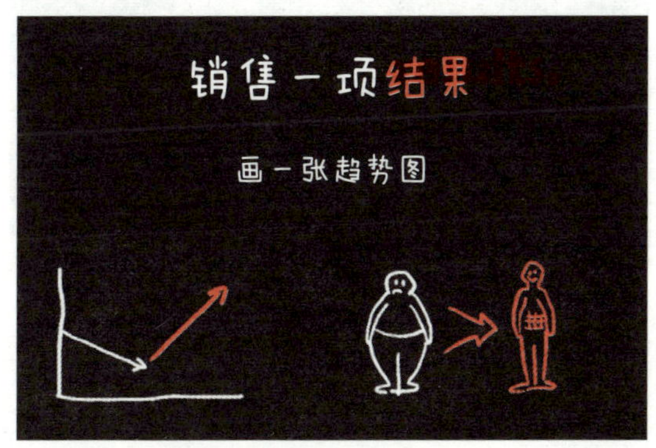

向结果导向的人推销时，你需要画两张对比事物前后状态的趋势图。第一张图展示的是当前的数字和趋势，第二张图展示的则是增长势头及渴望达成的结果。

无论你的销售对象是金融专家、健身狂人、政府会计，还是忙得焦头烂额的医生，抑或推销员本身，对比事物前后状态的趋势图都将是推介创意的最佳方法。你要让销售对象知道，你的创意能帮助推销员获取更好的销售业绩，能使金融专家更快地从投资中获得回报，能确保健身狂人更快地消耗卡路里，能协助政府会计减少税收支出，还能帮医生达成更好的临床结果。

2. 销售一个解决方案

假设你的销售对象正面临困境，且该困境牵涉诸多持续变动的因素，你需要画的就是两张对比事物前后状态的象限图或流程图。第一张图展示的是当前环境牵涉的各项因素，重点突出这些因素呈现的孤立甚至无序状态。第二张图展示的是所有因素有序地结合在一起，进而明显地提升环境的整体面貌。

无论你的销售对象是关注战略的公司高管、从事技术工作的建筑设计师和流程工程师、小企业主，还是手忙脚乱的新晋父母，对比事物前后状态的象限图都将是推介解决方案的最佳方法。你要让销售对象知道，你的解决方案能帮助公司高管更清晰地排定事项的优先次序，能使技术人员拥有运行更顺畅的系统，能为小企业主提供化繁为简的软件，还能为新晋父母排忧解难。

3. 销售一种渴望

要想激发他人的渴望，你得把愿景画下来。还记得珍妮弗·安妮斯顿的Smartwater矿泉水广告吗？还有法拉利跑车和那位随着音乐摇头晃脑的仁兄？这些画面背后都蕴藏着人类对美感、清晰、动感和速度的简单渴望。在各类图中，只有愿景图无须展示事物状态的前后对比，只用展示愿景实现后的状态。一看到愿景图，人们自然能领悟出你想传达的信息是什么。

无论你是想说服一位新晋百万富翁挥霍几千美元，还是想向一位心情激动的新娘推介梦中的婚礼，抑或想劝一位刚拿到驾照的高中生来一场公路旅行，最佳方法都是和他们一起画出可能实现的愿景。向他人兜售梦想时，你需要做的就是让梦想照进心灵。

思维共鸣（下篇）：善用“75-25”法则

以上各类可视化销售过程，至少需要包括你和潜在客户在内的两方共同参与。因此，为了完成可视化销售过程，你得和对方共同作图。这件事不难，因为你现在已经是一位演员了，而且是一位事先经过周密排练的演员。但究竟要周密到何种程度呢？答案是：75%。

一次理想的可视化销售过程需要由你完成 75%的图画创作，再将笔递给潜在客户，并帮助对方画完剩下的 25%。届时，这张图将不再是你的创作，而是属于你的潜在客户的思想结晶。

“放手”才标志着可视化销售过程的真正启动。试想，你因为事先排练而胸有成竹，现在由你率先发起画图，你的潜在客户因此看见了你想到达的目的地，并开始思考如何把你的愿景和他的计划融为一体。一旦接过你递来的笔，他便能准确地向你展示出他要什么。

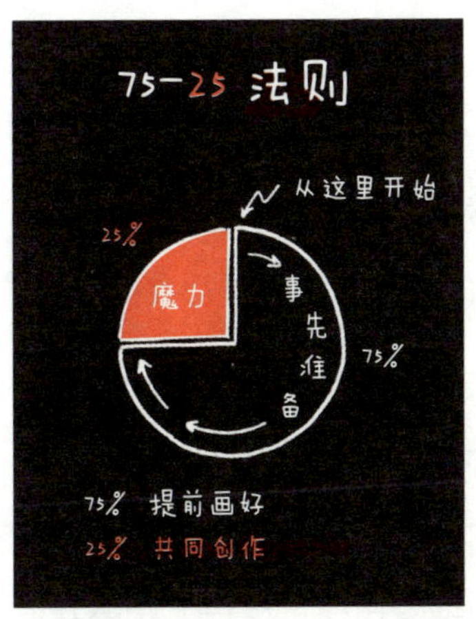

这时，你们之间的互动将不再局限于销售与被销售的关系，而会展开一场真正的对话。这一切之所以发生，都源于图像的魔力。

事先准备是可视化销售的前提

为了使可视化销售真正为已所用，你得事先做好功课。你要尽量多地了解你的潜在客户，深度理解对方需要解决的问题，并对你提议采用的解决方法了如指掌。

为了提前准备那75%的创作内容，你有两种选择：第一种，由你亲自画图（可以通过手工或软件画图，也可以雇一名设计师帮你画图），再将这张图扫描并打印出来。开会时，向潜在客户展示这张图，一边解释其含义，一边将提及的要点在图上标记。之后，把笔递给潜在客户，请对方圈出最重要的内容，勾出不当之处，或添加任何缺失的元素。如果你对自己提议的解决方案真的抱有满腔热情，你的潜在客户几乎都会情不自禁地开始在图上写写画画。

第二种选择与第一种选择的基本过程相同，仅有一处差异：不将事先准备好的 75% 内容打印出来，而是记在心里，事先练习画上几次，边画边理清思绪。之后，和潜在客户会面时，你需要凭记忆将图画出来，在画的同时向潜在客户解释。这纯粹像是在变魔术，但比任何一种传统销售技巧都能激发出思想的共鸣。

证据就藏在准备过程之中

三年前，伦敦的标志性时装品牌博柏利（Burberry）千里迢迢来到美国旧金山市，展开了一段愿景追寻之旅。此前，安吉拉·阿伦茨（Angela Ahrendts）已连续6年担任博伯利的首席执行官，使该品牌由原先单一生产风衣和格子围巾的工厂，成功转型为一家重新焕发生机的大型时尚集团。如今，随着顾客量的攀升，安吉拉希望将博柏利打造成拥有越来越多忠实顾客的时尚品牌。为了实现该愿景，她需要一个新的技术平台。

据《财富》杂志报道，安吉拉此前已听闻云计算领域大鳄Salesforce公司的首席执行官马克·本尼沃夫（Marc Benioff）就是她要找的人。此人因其愿景宏伟而在科技圈名声大噪。两人会面时，马克在倾听了安吉拉的诉求后，掏出一块餐巾纸，在上面画了起来。

他首先画了一个火柴棍小人儿，代表购买博柏利产品的顾客。接着，他又画了几个圆圈，分别表示诸如Facebook和Twitter之类的社交网络平台、线上和实体店等销售渠道、SAP之类的IT系统，以及游戏等交互类互联网产品。马克边讲边画，有时还停下来，倾听安吉拉提出的问题和想法。之后，他添上了几个新的圆圈，将图上的一切联结起来。这时，一个包括人、技术和内容在内的宏伟愿景就此诞生。

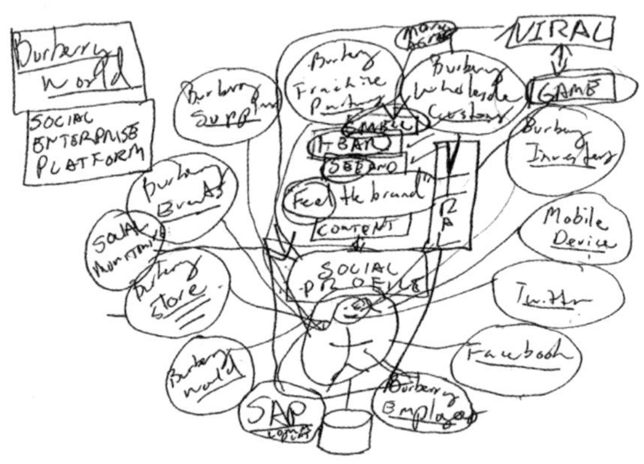

20 分钟后，马克将这张图命名为“博柏利全球社会企业平台”。安吉拉事后回忆时，对此表示印象深刻。马克不仅聆听了她的诉求，而且在短短几分钟内创造出了这个宏伟的平台构想。后来，Salesforce顺理成章地被博柏利聘请，为博柏利搭建马克构想的技术平台。从马克的画图方式来看，这个平台构想的诞生早有定数。但更重要的是，技术的力量因此在安吉拉眼前铺展开来，使她得以看见此前从未想过的产品零售渠道。

一年后，在一定程度上受到马克构想的激励，安吉拉离开博柏利，转而在苹果公司担任零售业务负责人，一跃成为该公司薪酬最高的高管。

这是近年来最成功的可视化销售案例。其中最重要的点是什么？或许在安吉拉看来，马克不过是当场画了一幅很棒的图，但实际上，此前他已经和自己的团队为此演练了数月之久。这就是“75–25”法则的力量。

观点来自图像，观点就是现实

> 在销售领域，你说什么并不重要，重要的是别人认为你说了什么。
>
> **——杰弗里·吉特默（Jeffrey Gitomer），全球知名销售专家**

利用图像，将使你用最快的速度直抵潜在客户的心。要想拓宽他们的视野，就把他们画进你的图中。

本章要点小结

※ 销售是使他人采取某项新行动的一门艺术。仅凭一张图，就能创造理想的思想共鸣。

※ 我们应该学习一边画图展示自身的想法，一边把潜在客户融进图中。

※“75–25”法则的应用将创造销量神话：事先画好你负责的 75% 内容，再在销售过程中画完剩下的 25%。

关键结论：要想做好销售，你得和销售对象携手踏上可视化之旅。

[第八章]

创新之道：在画中颠覆世界

CHAPTER EIGHT

商业只有两项功能：市场营销和创新。

——米兰·昆德拉（Milan Kundera），捷克小说家

无尽的淘金热

写这章的时候，我正在旧金山。这座美国城市因持续涌现的技术创新而享誉全球。正因如此，这里时刻发生着数不尽的再创新。毕竟这座城市的形成就始于美国历史上曾经出现的淘金热。虽然有人成功，有人失败，但自打淘金热兴起的第一天起，旧金山市的骨子里就带上了跌宕起伏、周而复始的烙印。换言之，这座城市本身就意味着创新。

创新是金

现在我们再谈淘金热，一定会非常沮丧，因为金子已经被淘得一点儿不剩。但好在我们还有创新。创新永不枯竭。每样新事物都会引发两个新问题，也因此蕴含着两个新机遇。

——杰夫·贝佐斯（Jeff Bezos），亚马逊公司创始人

过去 10 年间，“创新”是商业领域出现频率最高的流行词。“我们会用创新渡过当前的难关。”某公司充满信心的技术高管向投资者们如此表示。“我们将成为 XX 领域的苹果公司/优步/Airbnb。”某个渴望融资成功的企业家向风险投资家保证道。“领导者和追随者的唯一差别只在于创新。”说这话的史蒂夫·乔布斯最有发言权。

然而，“创新”的内涵到底是什么？它为什么如此重要？我们对这两个问题并没有明确的答案。这可能正是我们中的大多数人确实不怎么擅长创新的原因。但如果你能先画下一个圆圈，再给圆圈取个名字，你就不会沦为不擅长创新的大多数人。

为什么要创新？

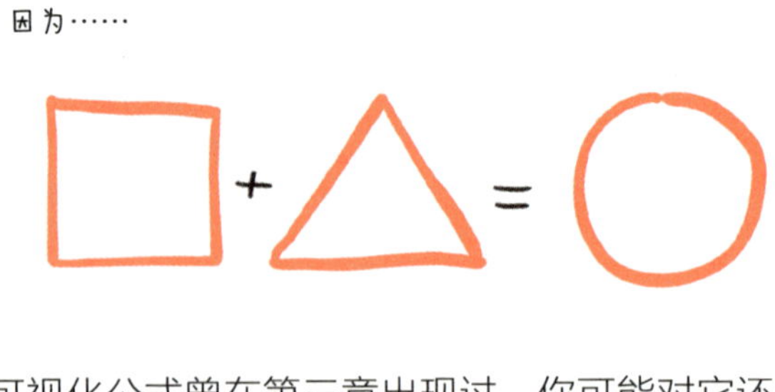

因为……

这个可视化公式曾在第三章出现过，你可能对它还有点儿印象。每当看到这个公式，我们就会想起创新如此重要的原因：无论你多么精于某事，我们身处的世界始终处于快速变动之中，迟早会迫使你改做其他事。

读完本章内容，你将知晓如何运用之前已经接触过的可视化工具，以全新的视角看待旧事物。

何时才是创新的好时机？

或许有人会问，什么时候才应该使用本章介绍的这套可视化创新工具？答案其实很简单：随时随地。创新不是一件偶尔为之的事，而是像呼吸一般连续不断。创新的过程既有输入，又有输出，而且正如人许久不呼吸就会窒息一样，如果我们将创新搁置太久，灵感的源泉也将枯竭。

有时，你会听到这样的话："我们要突破思维定式。"每当这时，你就可以翻到本章，然后向对方回应道："没问题，因为我非常了解怎么做才能突破思维定式。"还有些时候，你会听到别人对你说："给我闭嘴，照做就是了！"这种时候更适合翻到本章，并向对方回应道："可以，但得让我看看能否找到更好的解决方法。"

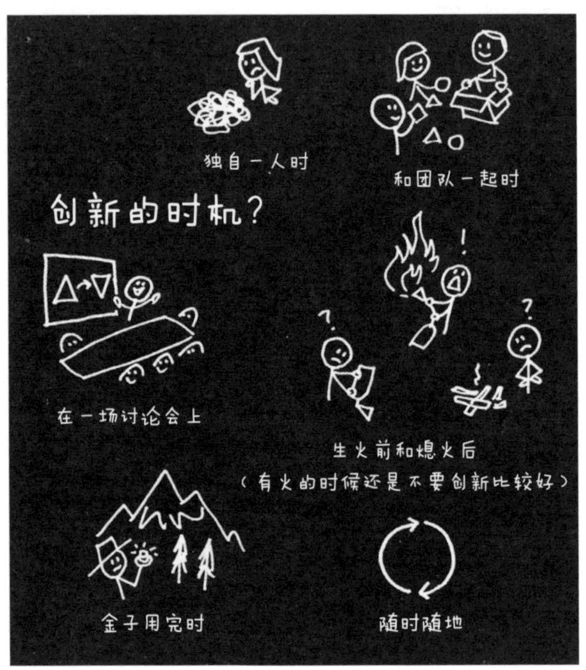

创新是什么

在我见过的对“创新”的定义中，最好的莫过于用一个圆圈来诠释“创新”的内涵（我想你应该也不会感到惊讶）。圆圈的右半部分形似一只弯曲的箭头，叫作“模式突破”，左半部分形似一只反向弯曲的箭头，叫作“模式优化”。

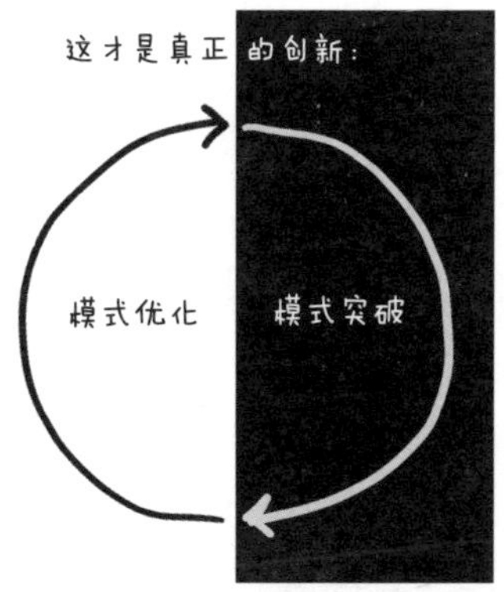

“模式突破”类创新通常是新闻头版争相报道的对象。正如其名称显示的那样，某个人——比如杰夫·贝佐斯、马克·扎克伯格或安吉拉·阿伦德茨，在某个激动人心的行业发现了颠覆该行业的举措，由此形成一种全新的游戏规则。

“模式突破”的例子包括：亚马逊颠覆零售业传统模式，把传统零售巨头们打得落花流水；优步在一夜之间改变了千百万人的通勤方式；可汗学院的创始人萨尔曼·可汗（Salman Khan）激励斯坦福大学的终身教授们纷纷辞去稳定工作，转而开始建立网络大学。

创新之圆的左半边是“模式优化”。这类创新虽然不如“模式突破”类创新吸引眼球，却通常比后者更有效。丰田公司对其汽车生产线上的每处细节精益求精，通过无止尽的微小改良，终使竞争者难以望其项背。这就是“模式优化”的代表案例。除此之外，作为当前市场份额的主要占据者，亚马逊面向忠实的网购者增设“特权服务计划”（Amazon Prime），也是“模式优化”类创新。就连你家附近的花店悉心记录每位前来买花的顾客的邮箱，并在每位顾客生日时通过邮件发送祝福的举动，都属于“模式优化”。

创新之圆看似简单，却因为描绘出创新永不停息的真正本质而富有美感。当你尝试某样看似疯狂的新鲜事物却遭遇失败时，可以从头再来。但如果你成功了，这个新鲜事物就成了“正常的新玩意儿”。之后，你可以竭尽所能优化这项创新，不断突破效率的极限，直到有一天，突破模式的新玩家进入，颠覆你所建立的一切。

实现创新的真正技法

> 创新虽然从内部自然生发，却必须以完整的传统为基础。
>
> ——**马友友，著名大提琴演奏家**

许多人虽然渴望成为创新者，却往往忽视了一个问题，即无论进行“突破模式”还是“优化模式”类创新，前提是要有一个模式。

以溜冰鞋为例。20世纪80年代中期，一种叫作“直排轮”的全新溜冰鞋几乎一夜之间风靡美国，颠覆了传统溜冰鞋业。此前，“双排滚轮式”溜冰鞋只能在昏暗的室内溜冰场使用。如今，几百万从未在日光下溜过冰的人，因为“直排轮”的诞生而发现了一种极有意思的新型运动方式，发明“直排轮”的Rollerblades公司也因此成了美国家喻户晓的企业。

任何“创新”都有过去

尽管Rollerblades公司生产的直排轮看起来像一项全新的发明，但它本质上不过是对原先笨重的“2x2”式双排轮在轮子设计上稍作调整而已。直排轮诞生前的60年里，人们使用的一直是双排轮，而双排轮本身也只是对最早期的溜冰鞋样式稍加改良。最早期的溜冰鞋与如今的直排轮外观几乎一模一样。

这个案例告诉我们，最快、最简单的创新之道在于，我们得擅长审视事物现状，再对现状进行彻底颠覆。在此过程中，画图可助你一臂之力。

可视化创新小技巧

可视化创新小技巧上手简单，且被实践证明行之有效。它们能帮助你利用简单的图形，从旧想法中催生新想法。整个过程并不复杂。首先，你得找到或自创一个简单的图形，代表当今世界某个事物、流程或想法的标准态（这个简单的图形可以是一幅画像、一个时间轴、一张象限图，等等）。

一旦确定这个表示现状的图形，它将从两方面助你发动创新引擎。一方面，它能激发你对原始问题进行充分思考，意识到某种做法是当前被人们普遍接受的做法。这是创新过程的起点。另一方面，请你试着在“现状图”的基础上，运用任意一种可视化创新小技巧，并对即将取得的结果拭目以待。

对于前述溜冰鞋的例子，一种适用的可视化创新小技巧是“拆分＆重组”。

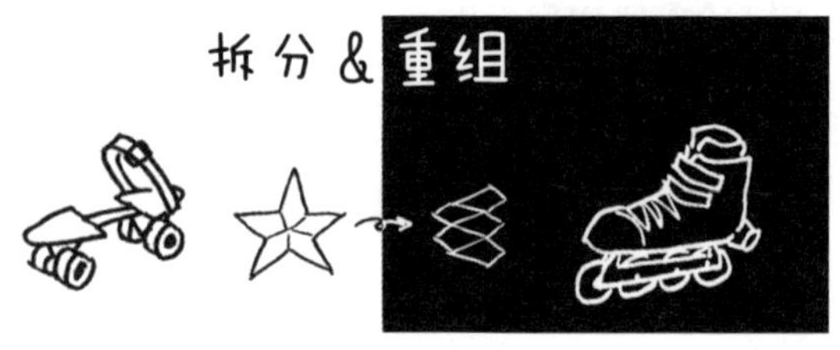

先画一只双排轮溜冰鞋，再画一个用来放脚的地方。接下来，

把构成现状的片段打碎，然后重组，直排轮就此诞生。

5 种可视化创新小技巧

我将向你介绍另外 5 种这类技巧。它们将成为你的得力帮手，助你即刻踏上伟大的可视化创新之路。一旦掌握各类技巧背后的基本逻辑，我保证你还能自创几十种技巧。

技巧 1：翻转过来

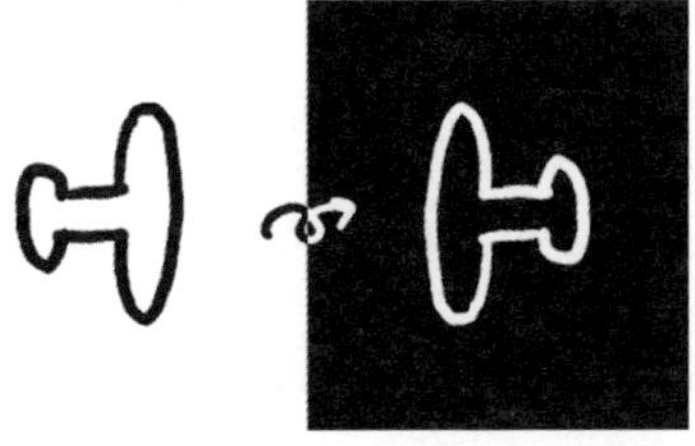

世界上第一架飞机有半截机尾在机身前端。这种构造使机身相当不稳定，几乎无法起飞。以发明自行车起家的怀特兄弟满足于这种飞机构造，他们卖出了几架“怀特飞行器”，并从中赚了一小笔钱。与此同时，他们的竞争劲敌格伦·柯蒂斯（Glenn Curtiss）也用同种方式造出了自己的第一架飞机。但他不禁怀疑，要是能让机身变得更稳定，能否把飞机卖出更好的价钱。因此，他又画了一幅飞机构造设计图。这一次，机尾被安置在机身后端。

他成功了。自第一架飞机诞生起的第 10 年年末，怀特兄弟宣告破产，柯蒂斯却坐拥世界上最大的飞机制造公司。此后，由他设计的飞机构造独霸该领域整整 60 年。

然而，创新总是周而复始、连续不断。20 世纪 70 年代，一位名叫伯特 · 卢坦（Burt Rutan）的飞机设计师崭露头角。他将机身构造整个颠倒过来，把机尾置于前端，又把引擎和机翼置于后端。他发现，自己设计的这架飞机在气流中从未出现“失速”现象[①]，于是和团队继续致力于研制后置型飞机。后来，他们因发明了世界上第一架私人飞船而获得了价值 1 000 万美元的“安萨里 X 大奖”（Ansari X Prize)[②]。之后，卢坦便退休了。

---

① 失速时，飞机会产生失控的俯冲颠簸运动，发动机发生振动，驾驶员感到操纵异常。——译者注

② 安萨里X大奖由X大奖基金（X Prize Foundation）主办，旨在激励私人载人航天技术创新，奖励总额为1 000万美元。——译者注

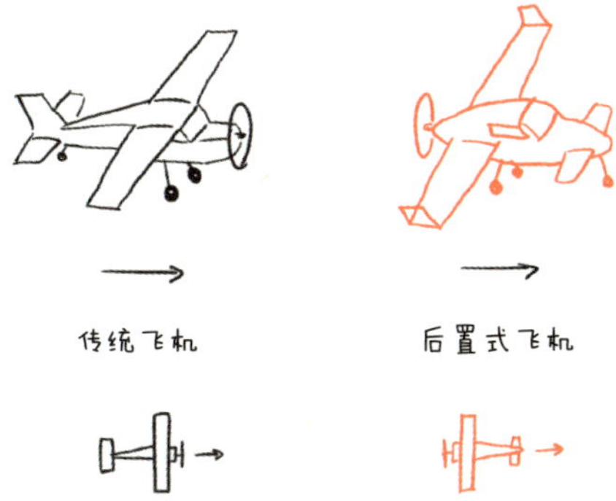

同样的“翻转式”创新技巧也为软件开发行业带来了最彻底的颠覆：敏捷开发法（Agile）。软件开发业发展初期，工程师需要预先收集每一条可见的软件开发需求，将所有需求体现在一张“瀑布式”项目计划表中后，才能动手编写代码。历经数月甚至数年时间，开发出的软件才能得到实际应用。但因从开发到应用的时间间隔过长，软件的开发需求通常早已有别于当初。

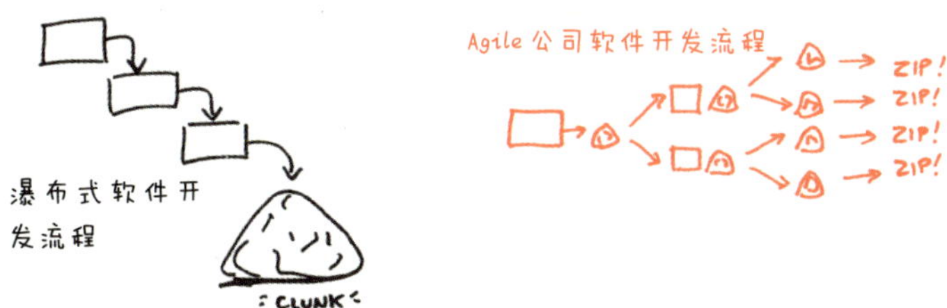

20世纪70年代，一些想法新颖的软件工程师意识到，若将当前的软件开发流程翻转过来，就能更快、更好地开发出软件。

因此，他们仅收集了一项简单的开发需求，就迅速编写了一段代码，然后对这段代码进行测试。接下来，他们又开始下一轮代码编写工作，并在编写的过程中对上一段代码进行修补。这种方法听上去有些让人费解，但在当今的软件开发领域，几乎无人不用敏捷开发法这种“翻转式”方法开发软件。

技巧 2：上下颠倒

几年前，一家多层级市场营销公司请我帮他们改善对外沟通的形象问题。当时，我并不知道什么是“多层级市场营销公司”，于是上网查了一下。“哦，原来就是直销啊。”因此，我婉拒了这家公司的邀请。

但他们一直追着我不放，不仅请我试用他们的产品（其实还不错），还向我解释他们的销售模式如何在现实世界中产生效果。

出于对新知的适度渴求，以及对销售职业道德的坚守，我发现这家公司采用的销售模式相当值得玩味。在无须大规模投放广告和花费巨额营销开支的前提下，这种模式能有力地驱使顾客掏钱购买一个好产品。它既合法，又创新，听上去挺有趣。

“好吧，”我终于软化下来，“但我们首先要做的就是把你们的销售模式重新用图像表现出来。”我为什么这么说？因为这家公司的人每次向我解释其销售模式的工作原理时，总是习惯画一座金字塔。这很难不让人联想到直销。

某天，时间已近傍晚。整个下午，我一直在和那家公司的人用白板写写画画，讨论如何重构他们的销售模式。讨论结束后，我在驱车回家的路上将车调至自动驾驶模式，自己欣赏着沿途的橡树。就在这时，我的脑中突然冒出一个想法：“把金字塔倒过来！就成了一棵树！”

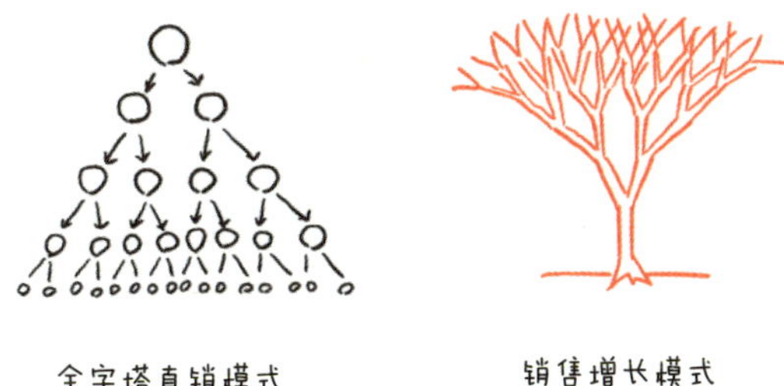

金字塔结构的直销人人喊打。即便是一种合乎道德与法律规定的销售模式，一旦用金字塔结构加以表示，就难免给人“底部的人受压榨”之感。这样谁还愿意加入这样的销售模式？但话说回来，人人都喜欢树。有谁会不愿意向阳生长，最终成为最高树枝上最顶端的那片树叶？就这样，这家公司的形象问题迎刃而解。

技巧 3：反衬

要是把已知可行的某样事物故意推向其对立面，将会发生什么？通常是灾难。但并非总是如此。如果你确实渴望找到一种脱颖而出的新方法，不妨尝试将白变成黑，把白昼变成黑夜，或把技术工具变成玩具。结果可能会让你大吃一惊。

我的团队就曾有过一次这样的经历。通过向对方建议与其最初要求完全相反的解决方案，我们拿下了咨询业巨头麦肯锡公司的项目竞标。这场胜利就连我们自己也始料未及。这种方法带有一定风险，但有时恰好适用于销售创新性方案的场合。

当时，麦肯锡公司向若干竞标公司发布了投标要求文件。竞标内容事关某项创新技术。麦肯锡公司的人对投标书的撰写方式设置了严格规定，并要求现场展示遵循结构化逻辑。

我们之前很少参与麦肯锡公司的项目竞标，因此认定这次竞标铁定会失败。我们严格依照要求提交了参与竞标的书面材料，包括所有必须提供的技术细节、项目计划与可量化结果。但对于现场展示环节，我们大胆决定摒弃麦肯锡公司制定的条条框框。毕竟我们本来胜算就不大，所以输得起。

现场展示前，我们用乐高积木搭建了一个概念模型。用乐高积木代替数据点的做法，不仅能帮助我们看到项目预期达到的最终效果，还能帮助工程师扭转关于建立数据库的传统观念。我们事先为处于不同搭造阶段的乐高积木拍下照片，再将现场展示内容围绕这些照片进行编排。

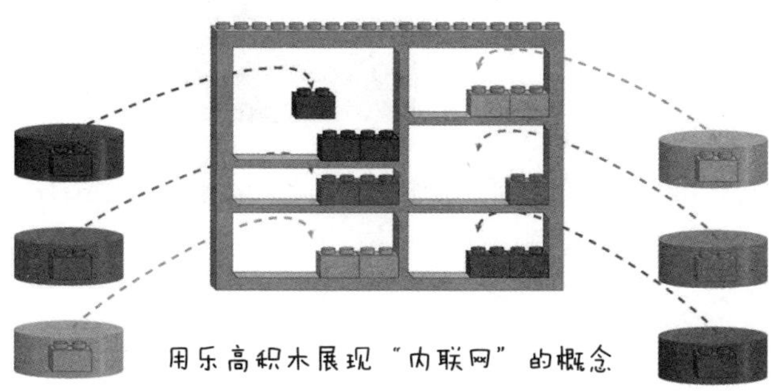

用乐高积木展现“内联网”的概念

当我们现场展示这些乐高积木图时，麦肯锡公司的人大吃一惊。经过片刻的震惊后，他们请我们多待一会儿，尽管此时已过了我们预定的时间。最终，我们赢得了这个项目。

在麦肯锡公司看来，我们的现场展示正是一个典型的“黑天鹅”事件。由于他们以往见过的每一次现场展示都无一例外地遵守着既定的逻辑框架（正如他们自己的投标文件所要求的那样），因此他们从不预期看到框架以外的东西。然而，当一次突破框架的现场展示出现在他们眼前时，他们见识到了真正的创新。所幸在这个案例中，他们感谢这种破格展示帮他们带来了真正的问题解决方案。

技巧 4：放进盒中

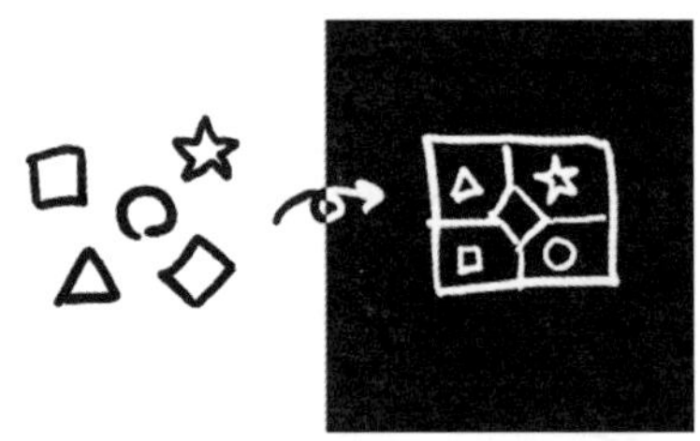

过去 6 年来，《商业模式新生代》（*Business Model Generation*）一直是商业战略领域的畅销书。事实证明，这本书的内容不仅富有创新性，就连其诞生本身也是一项创新。一方面，这本书最早由作者自出版。另一方面，根据传统商学院教授的观点，这本书所讲的甚至不是商业战略。除两位主创人员亚历山大·奥斯特瓦德（Alexander Osterwalder）与伊夫·皮尼厄（Yves Pigneur）外，还有 200 多人合力写就了这本书。它开辟了一种审视商业规划的

全新视角，并在全球掀起了一场如何创造、使用并理解商业模式的思想革命。

全书的精髓在于“商业模式画布”这一概念。“商业模式画布”是一种看似简单、实则内涵丰富的“棋盘”。它共有九大分区，各分区包含的内容实际上并不新颖：商业活动、顾客、成本、核心资源、渠道等。这些都是被讲授了几十年的基本商业概念。

然而，“商业模式画布”的创新之处在于，两位主创人员将各个耳熟能详的分区概念成功组合成一个整体框架，并以可视化的方式向读者展示各分区之间的潜在关联。因此，这些基本商业概念第一次变得如此清晰。

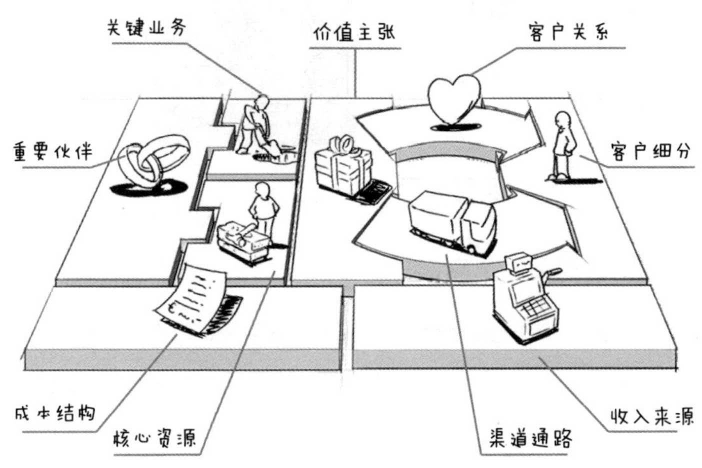

商业模式画布

和元素周期表、DNA（脱氧核糖核酸）双螺旋结构、美国《宪法》等众多颠覆性框架一样，“商业模式画布”使人产生的下意识反应是“本来就该如此，不然还能怎样”。

但它的确是限制条件反而引发自由创意的典型案例（稍后我们将详细介绍相关内容）。它启示我们，有意地将一切放进盒子里，事物之间总能因此出人意料地萌生新联系。

当然，与此同时，某件事物可能遭到破坏。否则，“模式突破”便称不上“突破”了。

技巧 5：削减组件数量

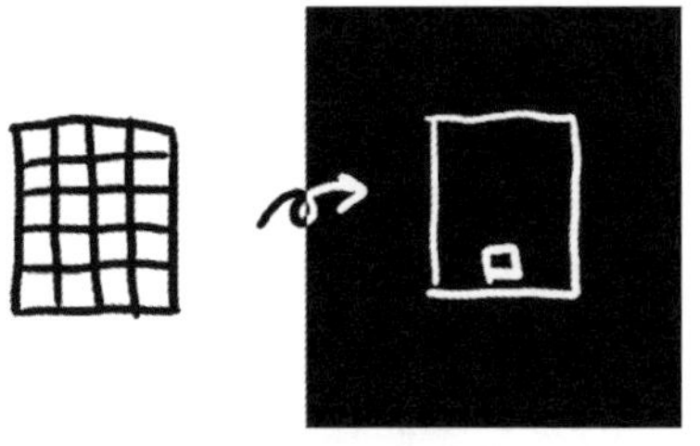

2007 年 1 月 9 日，史蒂夫·乔布斯将 iPhone 介绍给世人。和苹果公司召开的每场产品发布会一样，那次发布会是一场精彩绝伦的舞台表演。舞台上布置了奇幻的道具，乔布斯穿着一身经典的休闲风衣服。总之，一切看似平常。倘若你现在回头观看乔布斯在那场产品发布会上发表的主题演讲，会发现其中许多环节经过了事先的精心编排。

但当演讲进行到五分零七秒时，我才意识到本次产品发布会迎来了关键时刻，甚至不禁对乔布斯的举动惊呼：“天呐，你真有两下子！”对“智能”手机不那么智能的功能发表一番高谈阔论后，只见乔布斯突然展示了一张照片，上面是时下最尖端的四款机型。这些机型都有很多按钮。对此，苹果公司又有何妙招呢？

接着，乔布斯向大家展示了他们的妙招：iPhone。它只有一个按钮。搞定。

iPhone的别致之处当然远不止于此。它能存储成千上万首歌曲，具有强大的拍照功能，还自带可视化语音通信系统。但事实和乔布斯引用的一位苹果公司工程师的话一样，当人们看到只有一个按钮的iPhone时，都会惊叹：“仅仅说到触屏滑动功能，我就已经服了。”

下次，如果你想用新方法建造、提供或推销某个事物，不妨试着采用“削减组件数量”这一小技巧。在上述的手机案例中，试想，只有一个按钮的手机看上去会是什么样的呢？这样的手机又将如何工作呢？

拥抱限制条件带来的自由

> 毫无限制是艺术创作的天敌。
>
> ——**奥逊·威尔斯（Orson Welles），美国导演、编剧、演员、制片人**

每位创新者都有体会，各种限制条件总是与创新形影相随。如果怎样都行，就无法从中选出一种方法。所幸正在阅读本书的你是一位可视化创新者，因此设定一些有用的限制条件并非难事：

- 思考时可以无限量地用纸，但给他人做现场演示时，展示的图不宜超过 7 张。
- 白板可以用，但当一块白板写满时，会议也该结束了。
- 不要使用超过三种颜色。
- 用一半时间不断发散思维，再用剩下的一半时间不断聚焦。
- 从愿景开始，以计划结束。

给创新一些时间

记住，汽车、飞机和电话刚出现时，由于没有任何支持者，它们都被视为玩具。毕竟，它们实在是太新了。

——诺兰·布什内尔（Nolan Bushnell），现代游戏产业之父

梵高既是有史以来最失败的艺术家，也是最成功的艺术家。虽然他生前连一幅画也没卖出去，但他的画作如今却是标价最高的艺术珍品。无论你是出于生活还是商业目的画图，我虽然不会鼓励你一定要向梵高看齐，但他的事迹至今仍能给我们以启发。

积极谋划成功，但也要做好失败的准备

没有失败，何谈创新和创意。

——布琳·布朗（Brene Brown），美国休斯敦大学研究员

有时，你的想法胜过他人的初始想法；有时，你的想法又不如他人的初始想法。但在经验丰富的创新者看来，最重要的一条原则是：失败总有可能发生。

如果你连试也不试，那么没有任何事情会凭空发生。

有些搞创新的人说，我们应该时刻准备着失败。对于这一点，我不敢苟同。除非你像谷歌公司一样拥有连绵不绝的现金流，否则这种模式将无法使你存续下去。相反，我们应该积极追求成功，但同时也要意识到，创新的过程中失败在所难免。其实，失败也未尝不是一件好事。

可视化创新小技巧	可视化技法
技巧 1：翻转过来	头尾调换、顺序重排、方向翻转 例： • 敏捷软件开发法（先写代码，再收集需求） • 喷气式飞机引擎（免费提供，但收取维护费） • 鸭式飞机（将机尾移至前端，不仅提升飞行速度，还使飞行更加安全）
技巧 2：上下颠倒	上下调换位置，把一座四平八稳的山变成摇摇晃晃的跷跷板 例： • 直销金字塔成了一棵不断抽枝的树 • 销售漏斗成了上面点缀着奶油的马克杯 • 一只高脚杯成了抓虫的小袋子
技巧 3：反衬	寻找对立面、把白变黑、化问题为答案、期待出乎意料的事件发生 例： • 避开一个炙手可热的市场 • 卖出大家都在购进的东西 • 把修剪花园安排在晚上 • 为了到达东方，选择向西航行

（续表）

可视化创新小技巧	可视化技法
技巧 4：放进盒中	把原本分离的部件组装在一起、将几样东西同时挤进狭小的容器中、用一个模型解释一切 例： • 瑞士军刀组件包 • “商业模式画布”
技巧 5：削减组件数量	舍去所有非必需组件、集多功能于一身、去掉按钮、轻装上路 例： • iPhone • 多功能复合打印机、扫描仪、传真机 • 只用 64 色调色盒中的两种颜色画图 • 只带一个背包攀登珠峰

本章要点小结

※ 创新的含义很简单，就是“学习用新视角看待旧事物”。

※ “用新视角看待旧事物”的最佳方法，就是上下颠倒（或其他 4 种可视化创新小技巧中的任意一种）。

※ 我们习惯于事物的当前状态，因此容易对明显的事实视而不见。为此，我们需要不断刷新自己的观点。

关键结论：要想创造新事物，首先得把旧事物画出来，再将它上下颠倒。

[第九章]

培训之道：看图说话

CHAPTER NINE

现在我相信，伟大的教师也是卓越的艺术家。两者都可谓凤毛麟角。

——约翰·斯坦贝克（John Steinbeck），20 世纪美国作家

终极商业技巧

商学院里没人会告诉你的一件事是：商业行为与培训活动密切相关。如果你是项目经理，你得教团队成员理解你做的项目计划。如果你是IT部门负责人，你得教手下的员工如何在网络上保护自身隐私。如果你是会计师，你得使非财会专业人员理解他们需要填写的记录表。如果你是律师，你逢人便得教他们如何避免商业纠纷诉讼。保守地说，半数销售工作涉及培训，多数战略规划工作需要培训，而几乎所有咨询工作本质上都是培训。

你可能还记得下面这幅图，它曾出现在第二章中，展示的是在商业领域取得成功需具备的四大核心要素。在前述章节中，我们已介绍了前三种要素：领导、销售和创新。显而易见，一旦缺失这三大要素，想在商业领域取得成功简直是天方夜谭。然而，我们常犯的错误是没能给予第四种要素足够重视。

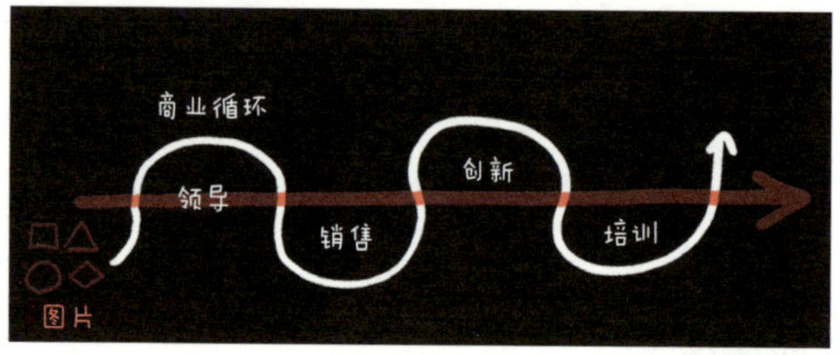

一切商业活动都需要人的参与，缺少新鲜血液注入的企业注定衰败，而要是没了经验丰富的专业人士，任何企业都无法存续下去。在商业领域，培训的重要性常被人忽视。每当经济不景气时，培训活动总是沦为企业削减成本的首要对象，即便从长远来看，有效的培训才是撬动企业利润增长的重要核心。不过，话说回来，这一切的前提都是培训得有效。

那些无能者

据我所知，最好的首席执行官就像教师，他们讲授的核心内容就是战略。

——迈克尔·波特（Michael Porter），竞争战略之父

萧伯纳曾说过这样一句名言："有能者做事，无能者教书。"这句话屡屡被世人引用，而且通常被当作教师低薪的原因。然而，它是错的。

真正的格言应该是一个首尾相连的圆："无能者教书，教不了书的人，只能做咨询。连咨询也做不了的人，只能回去好好干活了。"换句话说，这是一个循环，我们不仅逃不出这个循环，而且从顺应事物发展的角度看，我们本来就该按照该循环行事。

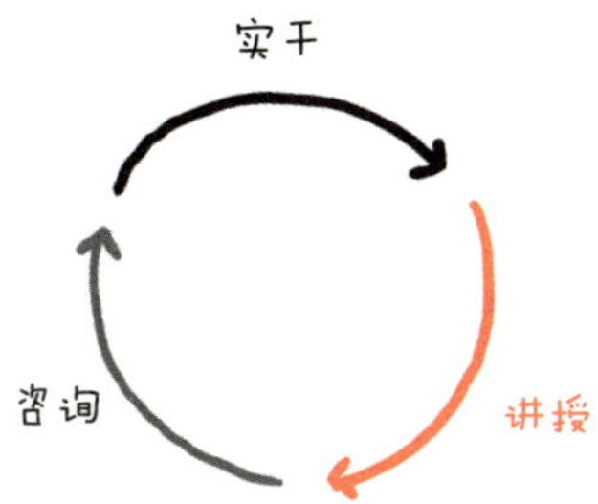

身为一名职场人士，如果你的工作表现不错，那么每年你至少会有两次机会切换自己在圆中的角色。首先，你倾注了不少时间在日常工作上（即"实干"）。其次，你得向某人解释自己做了哪些工作（即"讲授"）。最后，如果你解释得不错，别人就会请你写下能把工作做得这么好的原因（即"咨询"）。就这样，一个循环形成了。

为什么这个循环很重要呢？因为在某个时间点，无论你从事何种工作，都免不了向他人讲授。

和父亲一起飞行

我喜欢的老师每天让学生带回家的不只是作业，还有新知。

——莉莉·汤普琳（Lily Tomlin），美国女演员、作家

我的父亲曾身兼两职：一个身份是行政机构培训师，另一个身份是飞行员。从周一到周五，他教政府工作人员如何更有效地开展团队合作。一到周末，他就转而教人如何开飞机。我还记得当初帮他准备行政机构培训演示稿时，得将无数张 35 毫米的演示片子按顺序排好，放进老式投影仪的旋转圆盘中，一张一张地向听众讲述可视化故事（如今，我的工作性质与此类似，只不过我用是微软 PPT，而不是柯达投影仪）。

此外，有好几百个小时，我都在狭小的飞机驾驶舱里与父亲并肩而坐。就教学环境而言，再没有比飞机驾驶舱更可怕的教学环境了：嘈杂、颠簸、臭气熏天、大部分时间让人百无聊赖，可冷不丁地又会使人吓得魂飞魄散。话虽如此，只要有一位好老师，学习飞行就成了一件激动人心、改变人生的事。开心的是，我恰好有父亲这样一位好老师。从他身上，我习得了许多有关教学的有益经验。

例如，第一条经验是向别人讲授一项复杂任务时，要把任务分解成几个步骤。确保一个步骤彻底完成后，再进行下一步。

我从父亲身上学到的第二条经验是采取“说、做、再说、再做”的教学流程。首先，老师向学生解释本次学习的目的与内容；其次，让学生动手做；再次，老师再解释一遍，并让学生再动手练习一次；之后，老师请学生复述刚才做过的练习；最后，再让学生重做一遍。这种流程将使学生在迅速增长能力的同时建立自信。

第三条经验对学生最为有效，却也对老师的能力提出了最高要求：完成上述步骤后，老师将一只笔（在父亲的飞行教学实践中，此为飞机本身）递给学生，让学生自行完成接下来的学习内容。

尽管去教

经验是万事之师。

——恺撒大帝

花时间向他人传授自身经验，通常是工作中最难的部分。如果你和我一样几乎没有时间培训他人，就容易使自己在工作中疲于奔命。但我也明白，虽然每次培训他人都需要花时间，但越到后面，培训的力量就越能显现出来，因为当你被迫或计划给自己放个假时，总有人准备好接替你的工作。

人天生就有求知欲，所以培训这件事并不像多数人想象的那么难。我花了很长时间才悟出这个隐秘的道理。对于培训而言，你需要做的就是建立一个清晰的流程，确立一个可实现的目标，并向他人明确指出前进方向。之后，你就该退居一旁，把舞台交给接受培训的人。

一开始，这种培训形式可能会使人略微不解，但它的确是一记妙招。学生越有机会自己动手实践（言外之意是你尽可能少地照本宣科），他们就越喜欢上你的课。

无论你在一个组织中的地位如何，本章介绍的可视化技巧都能帮你成为一名更好的老师。这包括两层内涵：第一，你将学会如何仅用 6 张简图就讲述一则通用的故事；第二，你将明白何时该将画笔交给学生，自己则退居一旁。

讲故事时间

这本书读到这里，我一方面衷心希望你喜欢我们之前画的所有图，另一方面希望你因此对个人目标、价值与创造力有了新的认识。

但我们还不能就此止步。尽管你已经掌握了可视化领导、销售和创新之道，却依旧无法给他人讲一个好的可视化故事。画图素材你手里都有，却尚未构成一个故事体系。要想讲述一个好的可视化故事，你得将全部素材编织成开头、中间和结尾。

一个好的可视化故事拥有完整的要素。故事应开门见山地交待“人物”和“事件”。接着，这些“人物”及“事件”应被赋予一定数量。随后，需要说明故事元素所处的相对“位置”，再依次说明这些元素的排列顺序与因果关系。最后，故事应以一个让人恍然大悟的关键结论收尾。

不妨回到上一段，数数这个故事共有多少幕，你会从中发现一个有趣的现象。如果你得出的结果等于 6（正确答案就是 6），你的脑中可能会灵光一闪：“6……这个数字似曾相识。我们的视觉化思考不正是通过 6 个维度来理解世界的吗？”

上述架构非常适合用于向他人讲授概念，原因有且只有一个：培训对象都是人，而人就是通过这 6 步理解事物的。

6 张图说出你的故事

为了构思出可向他人讲授的理想故事，你需要按顺序使用六大图像元素，最终形成一个完整的可视化故事。按照之前介绍的“愿景”建立步骤，即可轻松创造出一则可视化故事。这个故事不仅提供了听众需要了解的一切信息，还包括了听众之后需要接受的关键结论。

理想的可视化故事由以下 6 张图按顺序构成：

1.“人物”和“事件”：向他人讲述一则故事，必须首先简述故事涉及的“人物”和“事件”。

2.“数量”：为故事涉及的“人物”和“事件”赋予一个或多个数量。数量的变化形成趋势，尤其具有启示意义。

3.“地点”：用一张图展示这些“人物”和“事件”所处的相对位置。位置可以是狭义的地理位置，也可以是广义的逻辑位置。

4.“时间”：用一条时间轴展现“人物”或“事件”的互动顺序，或展现统筹“人物”或“事件”所需采取的步骤。

5.“事物相互作用”：用一幅流程图展现事物之间的因果关系。让他人看到变化后的预期目标，并解释你将如何达成该目标。

6.“有什么启发”：把一个结论性的等式作为这个可视化故事的结尾。等式概括的是这则故事带来的关键启发、结论或行动。

具体如何组织这 6 张图，请见下图：

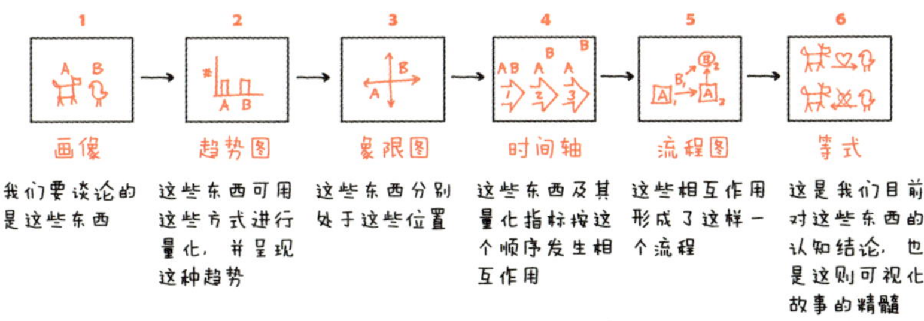

6 张图构成理想的故事线

理想的可视化故事由 6 张逐渐升级的图构成，它们正好与人类视觉系统的信息处理流程一致。换句话说，只要用好人脑的可视化认知系统，再复杂的概念都可以被解释得一清二楚。

如何提加薪

假定有这样一种情形：你的朋友已经在某家公司任职一年多了。他工作表现出色，而且热爱这份工作。现在，他认为该是向上司提加薪的时候了。他听说你在这方面已有成功经验，便来找你寻求建议。根据自身经验，你知道提加薪这件事既复杂，又让人倍感压力。因此，你构思了这样一则可视化故事，来指导你的朋友如何提请加薪。

你讲的故事	你画的图	你说的话
用 6 张图讲解一项重要的商业技巧： **如何获得加薪**	此时，你还停留在口头表达阶段，因此还没有图……	“主动提加薪的方式有好有坏。下面我要介绍的方法，经个人亲身实践证明有效。”
现状： **你需要加薪** **为了获得加薪，你得向上司做一次演说。** 你得让她相信，你能为公司做出更大贡献，进而驱使她自发给你加薪。	依旧没有图……	“提出加薪时，你得给上司做一次迷你演说。你得让她相信，你能为公司做出更大贡献，进而驱使她自发给你加薪。”
图 1A：人物 **相关方包括你、你的上司和这家公司** 你 上司 公司 你的贡献 你的回报 图 1B：事件 **你的目标是在做出贡献的同时获得相应回报**	图 1 的**画像**展示的是在申请加薪的过程中涉及的人物与事件。	“申请加薪时，涉及三个相关方和两个事件。相关方包括你、你的上司和这家公司。一个事件是你为公司做出的贡献，另一个事件是你从公司获得的回报。”

（续表）

你讲的故事	你画的图	你说的话
图 2：数量 **未来，你将为公司做出更大贡献** 你的回报（Y） 你的回报（X） **作为答谢，公司应该给你增加这么多回报**	图 2 的**趋势图**展示的是图 1 中各项元素的数量变化。	“你得量化自己将为公司做出多大贡献，例如销售更多产品、承担更大责任等。与此相对应，公司应以多大幅度给予你回报。”
图 3：图像元素的前后位置变化 **现在，你、你的上司和这家公司已经有了交集。未来，你将在关键活动上为公司做出更大贡献，从而使现有交集进一步扩大** 现在 未来	图 3 的**象限图**展示的是图 1 中各项元素的前后交集情况对比。	“现在，你已经在公司里参与关键活动，但你希望为这些活动倾注更多心血，更直接地为公司做贡献。”

（续表）

你讲的故事	你画的图	你说的话
图 4A：旧顺序 **现在，工作一来，你就着手解决，解决到一定程度后就将其置之不理** 现在 输入 工作 输出 未来 图 4B：新顺序 **未来，你将积极主动地寻找关键任务。一旦发现任务就着手解决，并有始有终地完成这项任务**	图 4 的**时间轴**展示的是相关元素发生顺序的前后对比。	“现在，工作基本上是主动找上门来的。工作一来，你就着手解决，解决到一定程度后，就将其置之不理。未来，你希望自己能够积极主动地寻找工作任务，持续改善工作方法，并更加专心地完成每项工作。”
图 5：流程 **你将致力于帮助公司在一些关键活动上提升表现。你的业绩将以这些指标进行衡量** **作为交换，公司应给你增加这么多回报**	图 5 的**流程图**展示的是你将如何重排元素以取得更好的结果。	“为实现上述目标，你将致力于帮助公司在一些关键活动上提升表现，以便公司对你的业绩进行衡量。作为交换，你希望公司给你增加相应数量的回报。”

（续表）

你讲的故事	你画的图	你说的话
图 6：意义 **从长远来看，公司之所以应该给我加薪，是因为我为公司做的贡献将超过公司在我身上花费的成本**	图 6 的**等式**展示的是改善后的事物终态。	“最终，加薪会使你和公司同时受益，因为你坚信，比起公司在你身上花费的成本，你对公司做出的新承诺将为公司带来更大的收益。”

以上便是 6 张图讲述一则可视化故事的工作原理。通过依次展示复杂度逐渐上升的这 6 张图，任何概念都能够传授给他人。

大胆地来点儿即兴发挥

并非所有的可视化故事都需要 6 张图才能讲述清楚。有时你会发现，微调图片顺序竟能使自己的故事变得更有说服力。在建立自己的可视化顺序时，虽然不妨试着变换图片顺序，但仍需遵循以下基本原则：

- 每则故事都应以“画像”开头，展示故事涉及的人物和主要相关方（如果回忆不起来“人物”的画法，请参见第五章）。
- 每则故事都应包含一个“原因”，要么放在开头，要么置于结尾。它可以是你希望达成的目标，也可以是本则可视化故事的关键结论。
- 每则故事都应包含某种可衡量的特性、元素或趋势。即便是最宏大抽象的概念，也可以因此变得接地气，让学生知道你不是满嘴空话。
- 这 6 张图直接源于人类视觉系统的信息处理过程，请牢记这一点。如果你想拿掉其中任意一张，请事先确保自己有充分的理由这么做。毕竟，被你拿掉的那张图，或许正是你的学生最需要看的图。

把笔交给别人

我们发现，教育不是老师的专利，而是人类自发产生的自然过程。

——玛丽亚·蒙台梭利（Maria Montessori），意大利幼儿教育家

故事一旦分享完毕，就到了你把笔递给学生的时候。这么做是为了让他们独立自主地完成接下来的工作。

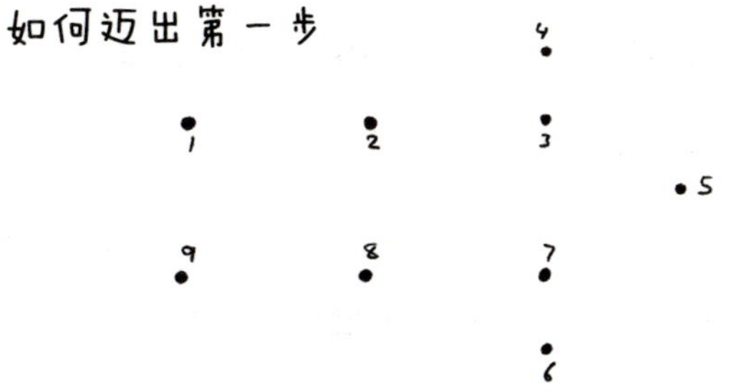

如何迈出第一步

在前述可视化故事案例中，你教给朋友一种考虑周全的加薪方法。虽然有好方法在手，可你的朋友仍然没准备好向上司提加

薪。这是为什么呢？因为他在整个培训过程中没有任何参与。即使他知道自己需要向上司展示那 6 张图，但那些趋势图、象限图和时间轴等，并没有被他付诸实践。

因此，现在你得向这位朋友再次伸出援手。这一次，在你的协助下，他需要自己把那些点连起来。幸运的是，最有效的“交出画笔”练习对教学双方的要求都不高：你只需要把点画出来，再让那位朋友把点连起来即可。

例如，把笔交给你的朋友前，你可以先画出下图：

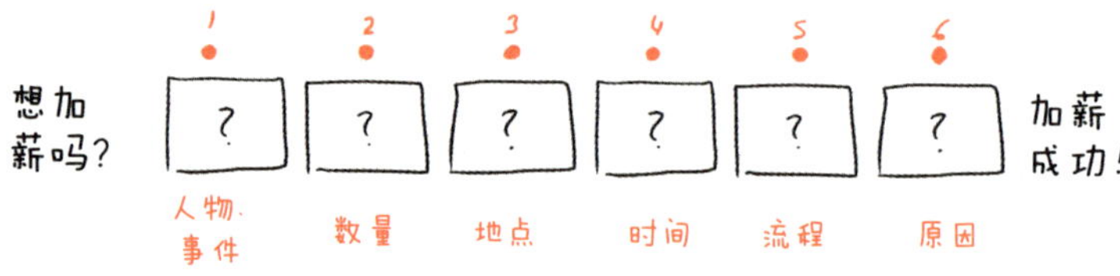

一旦将培训的本质视为“用线把点连起来”，整个过程就变得既简单，又充满内在活力：你先描述总体想法，然后找出拐点（比如关键决策点、突发问题点或重大突破点，并在每个拐点旁边画上一个小点。接下来，你不再继续画，而是把笔递给对方，说：“笔给你，你来完成整幅图。”

假设你打算再画一张图来帮助你的朋友。无论最终是否加薪成功，他从这次培训中收获的最关键结论就是：加薪好比做交易，而交易总是双向选择的结果。因此，你可以再画最后一张图，帮助朋友彻底领悟这个道理。

在这最后一张图中，需要你画的只有相关方和结果。请不要把这些元素之间的连线也画上。

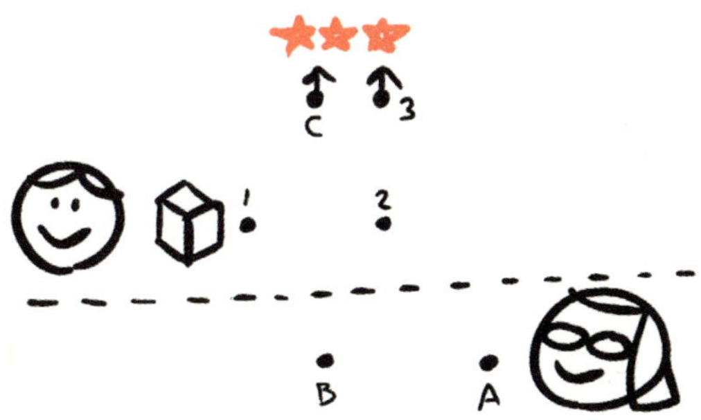

你的部分完成后，请你的朋友用线把这些元素连起来。

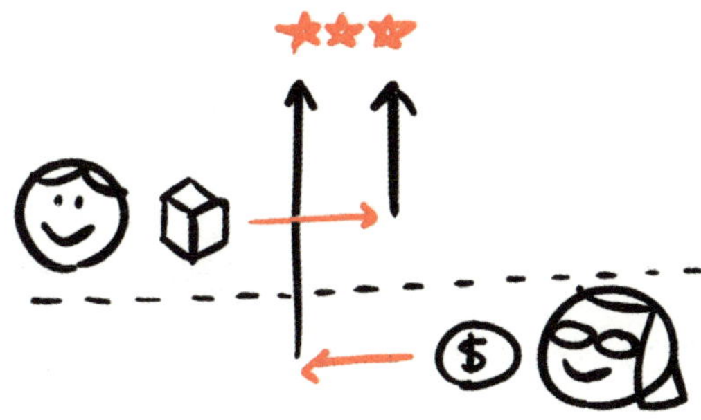

至此，本次培训的核心结论浮出水面。

图 6b) 结论：

加薪是一个双向选择的过程。

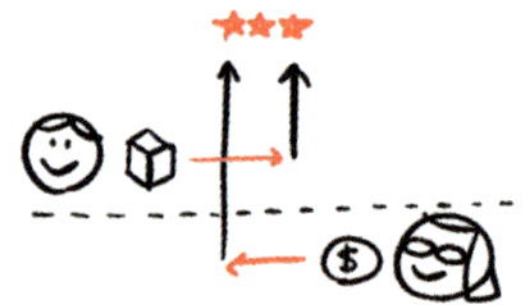

想办法让上司知道你明白这个道理，她将因此更容易同意给你加薪。

（或至少难以拒绝你的请求）

和白板一起飞行

数学、科学或机械工程领域出现的任何重大发现，其实都是直觉和创造力积累至一定程度的结果。这可以说是一门艺术，难以通过考试发现或衡量。

——萨尔曼·可汗，可汗学院创始人

至此，整个培训过程圆满结束。父亲收到我写的第一本书《餐巾纸的背面》（*The Back of the Napkin*）后，立马在自己的飞行教学课程中增设了一个道具：一块在飞行途中使用的白板。当语言变得无力，当人们说了太多空话，或当深入交谈变得不太可能时（比如在狭小的飞机驾驶舱内），我们还有一种选择，那就是实时画出想要传达的信息。这种方式不仅使学生听得聚精会神，还使老师的阐述变得异常清晰，更使在场所有人的大脑拥有短暂的休息机会。正是在大脑休息的过程中，学习的内容将被理解得更加深刻。

本章要点小结

※ 如果你忙得没时间培训别人替你做事，那么你其实是忙得没时间成功。

※ 依次画出 6 张图就是培训之道。

※ 最好的培训方式就是用线把点连起来。当你把笔递给别人时，你们双方都能学到更多。

关键结论： 培训不是一件浪费时间的事，而是增长知识的有效途径。

[第十章]

有疑问就画出来

CHAPTER TEN

睁开眼睛，反观内心。

——鲍勃·马利（Bob Marley），牙买加雷鬼音乐鼻祖

眼睛能帮你做的事

我们的双眼只做一件事：感知现实世界。它们悄无声息地做着这件事，我们甚至意识不到这件事一直在发生。视觉就像人类的一项超能力。如果说对这项超能力不加善用是一种浪费的话，那么不使其功能日臻完善简直是一种罪过。

所有必要工具都已被你握在手中。硬件部分自打你呱呱坠地时便已一应俱全，软件部分从你睁开双眼的那一刻起就已安装完毕。现在，你唯一需要做的便是使软件不断升级。这正是写作本书的真意所在。我希望，本书介绍的可视化经验能对你有所助益。

结束之前，我还有最后一个关于图像的故事想和你分享。

一图胜过千言万语

我为小说的主人公们创作图画。这些图是我的私人创作，从未给任何人看过。

——J. K. 罗琳，《哈利·波特》系列丛书作者

《哈利·波特》系列丛书包括 7 本小说，篇幅长达 4 224 页，累计共 1 084 170 字。全书销量超过 4.5 亿册，是史上最畅销的系列丛书。然而，鲜为人知的是，在完成这一鸿篇巨制的过程中，作者J.K.罗琳常常在写作过程中画图，以此帮助自己整理创作思路。她画的是自己笔下的主人公、他们所处的场景，还有精密的时间轴。借助这种方法，罗琳得以跟踪发生在每位主人公身上的事件及时间点。

对于任何一个想要成功攻克复杂问题的人而言，罗琳的故事都蕴含着一则重要启示：图画能使复杂的东西简单化。但罗琳对图画秉持的信念还为我们提供了另一则重要启示：一张有思想的图胜过千言万语。

在最后一册《哈利·波特》中，罗琳用一个简单的符号概括了全套丛书的主旨。这个被称为“死亡圣器”的符号由一个圆圈、

一个三角形和一条直线构成。三者交织在一起，代表了全书最重要的三个概念：爱、保护与魔法。有了这枚任务徽章的引导，每位读者都恨不得一口气把书读完。

如果我们用罗琳对待读者的方法来对待自己的商业活动对象，也会产生神奇的效果。当你需要概括一个复杂的概念、记住项目中的所有组成元素，或想向他人完整地传达战略内涵时，若能快速画出一张简图，岂不是帮了自己一个大忙？

我之所以提出这些问题，是因为随着本书接近尾声，我想给你提供一条类似的视觉化思考建议。

图像作用面面观

想象一下视觉化思考的最基本模式。从最基本的层面，想想图画和图像对你和你的成功意味着什么。

A=感知（Awareness）。视觉比其他任何一种感官更能帮助你感知周围的世界。你能够看见他人，由此知晓自己正和谁相处。你能够看见物品的类别和数量，因此知晓有多少物品可供自己处置。你还能看见事物所处的方位，由此知晓这些事物之间可以做何联系，而你又可能在其中处于何种位置。借用世界上最著名的魔术师哈里·胡迪尼（Harry Houdini）的话来说就是："眼睛看见什么，耳朵听见什么，我们就相信什么。"

B=美感（Beauty）。画图赋予思想以美感。毫无疑问，线条是优雅的，光影是美丽的。我们的眼睛天生爱看各种东西。虽然有些图像无比骇人，还有许多东西我们宁愿不看，然而色彩总是令人惊叹，形状总是引人遐思，视觉谜题扣人心弦，我们的眼睛享受着试图理解事物的快感。尽管我们画出的图称不上精美，但画图这一行为本身总能为日常商业活动增添一丝美感。

C=清晰（Clarity）。画图使事物的面貌变得清晰。把想法画出来不是为了刻意简化这些想法，而是为了使它们变得清晰。用复杂的语言表述事物，虽然不乏为一种很好的思维训练手段，却往往使人看不清或忽略事物之间存在的非线性、隐蔽联系。相反，画图能迫使这类潜在联系浮出水面，进而使之前不可见的解决方法变得豁然开朗。

C=理解（Comprehension）。画图使事物变得易于理解。我们的视觉化思考马力十足，即便面对铺天盖地的信息，也能从中抽丝剥茧，使我们最终理解事物。同样重要的是，当我们感觉事情不对劲时，即使一时难以判断，真相往往是事情的确出了差错。倘若我们能找到或创作出用以描述思维的图，就能行之有效地将自身想法分毫不差地传递给他人。

C=沟通（Communication）。画图能够促成人与人之间的信息共享。要想使他人牢牢记住某个想法，最快的方法就是画图。凡是简单、清晰的事物，都会勾起我们大脑的兴趣，甚至在我们意识到之前，我们已经开始关注这个事物。这也正是我们需要好好利用图像的最后一个原因：画图不仅能帮我们找到答案，更能使他人准确理解我们试图传递的信息。

本书的任务徽章

将上述内容画在一张图上，就形成了本书的终极任务徽章：代表“感知”的五角星被代表“美感”的圆圈包围着，两者的最外层是分别代表“清晰”、“理解”与“沟通”的三根箭头。

视觉的力量

下次如果有人问你为什么要在会议上画图，你大可直接把上图画出来解释给他们听。你可以边画边解释：“图像能提高我们对周遭世界的感知程度，为商业增添一丝美感，还能使事物变得更加清晰、易懂和便于沟通。”这样，我想对方自然会明白你的用意。

智能的视觉化思考

我不是靠力量取胜的人，因为我没法来上一记劲射。我也不是联盟里速度最快的冰球手。所以，我只能尽全力做到眼明脑快。

——韦恩·格雷茨基（Wayne Gretzky），加拿大职业冰球明星

今后，每当你对当前的工作情况没有把握，或为寻找最佳产品市场定位而绞尽脑汁，或想弄清如何解决一团乱麻的流程问题，又或是仅仅记不清为什么要做手头正在做的事情时，都可以靠自己解决这些问题。拿起一支笔，在一张纸上画下一个圆圈。先不假思索地为这个圆圈取个名字，再画第二个圆圈，并自问:“该把这个叫什么好呢？”就这样，接二连三地画下去。

周而复始，持之以恒。先假装自己能做到，然后就真能做到。等你画完 6 个圆圈时，答案将自然而然地浮现出来。别放弃，直到发现某些新颖的想法为止。相信自己的视觉化思考，新想法一定会出现。

最后的叮嘱

视觉是我们的朋友，也是我们的导师。它为我们保驾护航，因此需要我们了解它，善用它。无论前方面临怎样的挑战，也无论这些挑战是关于领导、销售、创新、培训还是其他，只要发动全脑力量，你都会找到最佳解决方案。简而言之，画图永远是你的忠实伙伴。

有疑问，就画出来。

本章要点小结

※ 一张合适的图胜过千言万语。

※ 图像能提高我们对周遭世界的感知程度，为商业增添一丝美感，还能使事物变得更加清晰、易懂和便于沟通。

※ 了解视觉化思考，就相当于送给自己一份大礼：一种能真正观察世界的能力。

关键结论：遇到不清楚的事情时，就开始画图。画图能释放视觉化思考解决问题的潜能。

致谢

这本书发端于一个好主意，紧接着内容如泉水般向我涌来。正是许多人的共同努力，才促成了这些文字（以及配图）始终朝着正确的方向前进。因此，我想借此机会感谢曾给予我帮助的每个人。

首先，我要感谢企鹅出版集团“Portfolio”图书品牌的工作人员阿德里安 · 扎克海姆（Adrian Zackheim）、威尔 · 魏瑟尔（Will Weisser）与杰西 · 真栄城（Jesse Maeshiro），是你们鼓励我将希望和读者朋友们分享的精选内容集中出版。同样感谢特德 · 温斯坦（Ted Weinstein）。作为我的经纪人，10 年来你一直坚信我能行，并始终协助我保持专注。

感谢汤姆·尼尔森（Tom Neilssen）、莱斯·图尔克（Les Tuerk）、米谢勒·迪利西奥（Michele DiLisio）、玛吉·亨尼西（Marge Hennessey）及BrightSight集团的全体员工。没有你们的幕后支持，我不可能站在成千上万的观众面前，实时地分享、检验和修缮自己的想法。

说到实时反馈，在逐章写作本书的过程中，我收获了NapkinAcademy.com近250名同事的帮助、指导和耐心参与。过去的10个月里，他们时刻与我同在，不断就包括章节题目、结构和个人配图在内的各类事项给我反馈。若是没有他们的全程参与，我肯定不可能写出这本书。因此，我想向这些同事致以特别感谢，他们是：Anderson Willis, Stacy Davis, Keith Campbell, Gordon Sato, Ronald Palagi,Christine Krimmel, Dwayne Clark, Patricio Romeo, Dimas Edwards, Nikki Myles, Derrick Kuhn, Donatella Pastorino, Riz Khan, Jose Barrera, Roxanne Fulcher, Chavah Golden, Deborah Schwartz, Jun Hatsushiba, Gerardo Noriega, Andreas Faserl, Chris Hughes, Laura Upcott, Dan Thomas, Dwight Sowers, Helmut Schroeder, Kathryn Nehlsen, Martijn Meisner, Mladen Dakic, Stephan Somogyi, Rachel England, David Ferron, Chris Berry, Denise Noel, Wil Pannell, Tom McDonough, Steven Boderck, Thomas Garman, Niels Wijdogen, Turki Fahad, Stephan Augustin, Danya Smith, Andy de Vale, Troy Peterson, Ron Mitchell, Steve Clark, Nathan Dye, Melissa McLain, Jean-Baptiste Moretti, Massimo lo Campo, Matteo Bocedi, Kim Gregers Petersen, Randi Rossman, John Hanigosky, Alan Klug, Pietro Moschetta, Jerry Nulton, Daryl Seaton, Michael Kazantsev, Chris Bailey, Kenn Sugiyama, Kevin Long, Kelli Babich, Kevin Goodwin, Chris Cox, Susannah Jaggers, Donald Krstticevic, Monique Beedles, Bryant LaFreniere, Andrei Khitryi, Louise Alexander, Bill Branson, Gustavo Couto, David Alexander, Grant Rykken, Roberto Valenzuela, Claudio Stivala, Brian Wakley, Melanie Woods, Tom McDevitt, Frank Edwards, Donald Geiger, John Sullivan, Joshua Rapoza, Sven Maier, David Bowman, Alwin Dooijeweerd, Samuel Ashby, Ed Swartz, Julio Giron, Jomy Pidiath, Lena Boberg, Birthe Brosolat, Rajkumar Sukhwani, Andrew Noble, Carlos Diaz, Anders Falkeholm, Jose Torres, Nuno Levy, Erik Slinning, Gabor Molnar, Gregory Frank, Gary Manning, Denis Shindin, Jo Ann Gray-Murray, Uwe Loose, Pranjal Dutta, Chris Wozniak, Michael Phillips, Elizabeth Barwell, Brian Johnson, Javier Garcia, James Muir, Lachlan Jackson, Ruslan Spivak,A.B.Al Mahmood, Christopher Rygh, Colin Dovey, Kweli Sessions, Evan Cohen, Marko Hamel, Scott Ricci, Tessa Silver, Stuart Morse, Gerson Klein, Michael Gottlieb, Don Davis,

Hani Al Menaii, Jocelyn Ring, Staci Clarke, Maria Gorelaya, Richard Geller, Morris Pearl, Sebastian Scholz, Karen Forkish, Jama Ball, Nicholas Polachek, Alan Martello, Muhammad Azmil Usol Ghafli, Keith Perrigon, Thomas Vikstrom, Anna Goh, Todd Stuve, Robson Gimenes, Jeremy Freeman, Caroline Chong, Gordon Hardiman, Tom Mackey, Chip Finck, Kishore Krishna, Mike Sigers, Jaime Pena, Stefan Moch, Baba Prasad, Nilesh Patel, Hosung Son, Debra Pickfield, Erle Marion, Jianxiong Zhou, Caryn Ginsberg, Owen Traynor, Deborah Mends, Karin Delin, Paul Gouthro, Nicholas Carrier, Sonya Post, Suhit Anantula, Borut Logar, Blanka Horackova, Tony Downs, Linda Martin, Adrian Leonardi, Sarawut Krataikwan, Mary Lynn Halland, Erik van Triest, Florian Meyer, Luis Martinez, Richard McMurray, Natalia Razumova, Carlisle Connally, Christine Young, Todd Smith, Silas Gimba, Carlos Sanchez-Sicilia, Yutaka Okano, John Mooney, Randy Sugawara, Brad Cleavenger, Lisa Hosokawa, Lesa Nichols, Charles Png, Matthew Hass, Leigh Johnson, Mark Alan Fish, Dave Wood, Mike Williams, Sam Raheel, Lionel Cave, Patrick Hart, Chandrashekar Natarajan, Martine Vanremoortele, Heiner Poelitz, Francisca Salomon, Jeff Chen, Phillip Greene, Colin Collard, Sanjay Shetty, Daniel Lopez, Aaron Coles, Steve Tucker, James Bond,

Mark Kirk, Sean Bailey, William Reed, John Schultz, Alexia Moore, Barbara Genius, Eugen Rodel, Pavinee Chuatirarak, Joseph Wiertel, Rebecca Hope, Ken Nakamura, Rick Baca, Gagan Kaul, Laurent Karila, Valeria Castanno, Marco Ossani, John Nunes, Kelly Monroe, Maria Mahar, and Fred Bellier.

我还要衷心感谢我在NapkinAcademy.com的团队成员，他们总是那样激动人心：泽维尔·范（Xavier Fan）、吴亚爱（Ai Yat Goh）、底波拉·德鲁尔（Deborah DeLue）及马克·鲁宾（Mark Rubin）。和你们每周例行的电话会让我始终忠于内心，还顺便提醒了我按时交稿。

非常感谢我最好的商业伙伴：斯科特·威廉姆斯（Scott Williams）和贝卡·威廉姆斯（Becca Williams）夫妇、丽莎·索罗门（Lisa Solomon）、琳恩·卡拉瑟斯（Lynn Carruthers）、莱拉·塔拉夫（Laila Tarraf）和安迪·格罗根（Andy Grogan）。

最后，我要感谢我的家人伊莎贝尔、索菲和西莱斯特。像往常一样，你们与我一路同行。我爱你们，谢谢你们。